Alexander Winther

Lehrbuch der allgemeinen pathologischen Anatomie der Gewebe

des Menschen

Alexander Winther

Lehrbuch der allgemeinen pathologischen Anatomie der Gewebe des Menschen

ISBN/EAN: 9783743472709

Hergestellt in Europa, USA, Kanada, Australien, Japan

Cover: Foto ©berggeist007 / pixelio.de

Weitere Bücher finden Sie auf **www.hansebooks.com**

Lehrbuch

der allgemeinen

pathologischen Anato

der Gewebe des Mensch

von

Dr. Alexander Winther,

aufserordentlichem Professor der allgemeinen Pathologie und Therapie
Universität zu Giefsen.

Giefsen, 1860.
J. Ricker'sche Buchhandlung.

Vorrede.

Die Entdeckungen von Schwann, welche den Nachweis geliefert hatten, dafs aus kernhaltigen Bläschen alle thierische wie pflanzliche Bildung hervorgehe, sind zuerst von Joh. Müller auf den Bau der Gewebe übertragen worden. Die hervorragenden Forschungen, welche seitdem namentlich durch Donders, Meckel, H. Müller, Reichert, Reinhardt, Remak, Virchow auf diesem Gebiete geschehen sind, weisen immer mehr darauf hin, den pathologischen Gewebebau auf Umbildung des normalen zurückzuführen, sie haben in dieser, obwohl noch jungen Wissenschaft bereits Grundergebnisse geliefert, durch welche fernere Arbeiten auch ohne ausgiebigeres Arbeitsmaterial ermöglicht und erleichtert sind.

Durch allgemeine Durchführung des Standpunktes für die Anschauung der pathologischen Gewebe des Menschen in ihrem Hervorgehen aus den normalen, wie durch Unterlegung eigener Untersuchung und Beobachtung werde ich an die genannten Forscher mich anzuschliefsen bemüht sein. Ich nehme hierbei die Theorie der unfreien Thierzellenbildung an, wie dieselbe von Virchow in dessen Archiv VIII, 1855 und von Remak in dessen Untersuchungen über die Entwickelung der Wirbelthiere 1855 ausgesprochen worden ist, wonach die Zellen aus Zellen sich bilden. Der Aufzählung der einzelnen pathologischen Gewebe mit ihren verschiedenen Bildungsformen lege ich die für normale Gewebe von Leydig in dessen „Lehrbuch der Histologie" 1857, I gewählte auszugsweise zu Grunde; es werden dort die normalen Gewebe bis an den Eintritt ihrer Vereinigung zu Organen und Systemen aufgestellt, in gleichem Sinne werde ich hier von den pathologischen Geweben als solchen zu handeln haben.

Möge mein Wunsch, das für gut Erkannte zu fördern, in Erfüllung gehen und dessen Ausführung mit Wohlwollen und Nachsicht aufgenommen werden.

Giefsen im August 1860.

A. Winther.

Inhaltsverzeichnifs.

Vierter Abschnitt.

Fünfter Abschnitt.

Sechster Abschnitt.

Literatur.

Andral, Georg, Grundrifs der pathologischen Anatomie, aus dem Französischen übersetzt und vermehrt von F. W. Becker. Reutlingen 1832.

Arnold, J. W., Lehrbuch der pathologischen Physiologie. Zürich 1836—39.

Baur, Albert, die Entwickelung der Bindesubstanz. Tübingen 1858.

Beneke, J. W., über die Nicht-Identität von Knorpel-, Knochen- und Bindegewebe (im Arch. f. w. H. IV, 3). Göttingen 1859.

Bichat, Xavier, Abhandlung über die Häute. Deutsch von C. F. Dörner. Tübingen 1802.

Bischoff, P. G., Entwickelungsgeschichte der Säugethiere und des Menschen. Leipzig 1842.

Breschet, das Lymphsystem, aus dem Französischen von Martiny. Quedlinburg und Leipzig 1837.

Brücke, Ernst, über Chylusgefäfse und die Resorption des Chylus. Denkschriften der k. k. Akademie der Wissenschaften in Wien, 1853.

— — über den Bau der Muskelfasern. Denkschriften der k. k. Akademie der Wissenschaften in Wien, 1857.

Bruns, V., Lehrbuch der allgemeinen Anatomie des Menschen. Braunschweig 1841.

Demme, Hermann, über die Veränderungen der Gewebe durch den Brand. Frankfurt 1857.

Donders, F. C., Physiologie des Menschen I. Deutsche Originalausgabe von F. W. Theile und A. F. Bauduin. Leipzig 1856.

Donné, Al., Cours de Microscopie. Paris 1844.

Ecker, Al., Erläuterungstafeln zur Physiologie und Entwickelungsgeschichte. Leipzig 1851—1858.

Engel, Joseph, specielle pathologische Anatomie. Leipzig 1855.

Förster, August, Handbuch der allgemeinen pathologischen Anatomie. Leipzig 1855.

— — Lehrbuch der pathologischen Anatomie. Jena 1852.

Förster, August, Atlas der mikroskopischen pathologischen Anatomie. Leipzig 1854.

Frey, Histologie und Histochemie des Menschen. Leipzig 1859.

Funke, Otto, Lehrbuch der Physiologie. Leipzig 1855—1857.

Gerlach, Joseph, Handbuch der allgemeinen und speciellen Gewebelehre des menschlichen Körpers. Mainz 1853.

— — mikroskopische Studien. Erlangen 1858.

Gluge, Gottlieb, pathologische Histologie. Jena 1850.

Günsburg, Friedrich, die pathologische Gewebelehre. Leipzig 1845.

— — Untersuchungen über die erste Entwickelung verschiedener Gewebe des menschl. Körpers. Breslau 1854.

Hassall, Arthur, mikroskopische Anatomie des menschlichen Körpers im kranken und gesunden Zustand, aus dem Englischen von O. Kohlschütter. Leipzig 1852.

Hasse, K. E., specielle pathologische Anatomie I. Leipzig 1841.

Henle, J., allgemeine Anatomie. Lehre von den Mischungs- und Formbestandtheilen des menschlichen Körpers. Leipzig 1841.

— — über Schleim- und Eiterbildung und ihr Verhältnifs zur Oberhaut. Berlin 1838.

— — Handbuch der rationellen Pathologie. Braunschweig 1846—1852.

Heschl, R., Compendium der allgemeinen und speciellen pathologischen Anatomie. Wien 1855.

Hyrtl, Jos., Lehrbuch der Anatomie des Menschen. Wien 1855.

Kölliker, A., mikroskopische Anatomie oder Gewebelehre des Menschen II. Leipzig 1850—1852.

— — Handbuch der Gewebelehre. Leipzig 1855.

Lebert, H., Physiologie pathologique. Paris 1845.

— — Traité d'anatomie pathologique générale und spéciale, ou description et iconographie pathologique des alterations morbides tant liquides que solides. Paris 1854—1860.

Leydig, Franz, Lehrbuch der Histologie des Menschen und der Thiere, Frankfurt a. M. 1857. (Erste Abtheilung, Seite 8—62 ist auszugsweise hier zu Grunde gelegt).

Ludwig, C., Lehrbuch der Physiologie des Menschen. Heidelberg 1852—1856.

Remak, Untersuchungen über die Entwickelung der Wirbelthiere. Berlin 1855.

Robin et Verdeil, Traité de chimie anatomique und physiologique normale et pathologique. Paris 1853.

Rokitansky, Carl, Handbuch der pathologischen Anatomie I. Wien 1846.

Schuh, Franz, Pathologie und Therapie der Pseudoplasmen. Wien 1854.

Valentin, G., Gewebe des menschlichen und thierischen Körpers (in R. Wagner's Handwörterbuch der Physiologie). Braunschweig 1842.

Virchow, R., Arch. für pathologische Anatomie und Physiologie und für klinische Medicin. Berlin 1847—1860.

— — Handbuch der speciellen Pathologie und Therapie I. Erlangen 1854.

— — Gesammelte Abhandlungen zur wissenschaftlichen Medicin. Frankfurt a. M. 1856.

— — die Cellularpathologie in ihrer Begründung auf physiologische und pathologische Gewebelehre. Berlin 1858.

Vogel, J., pathologische Anatomie des menschlichen Körpers I. Leipzig 1845.

— — Erläuterungstafeln zur pathologischen Histologie. Leipzig 1843.

— — Gewebe (in pathologischer Hinsicht) in R. Wagner's Handwörterbuch der Physiologie I. Braunschweig 1842.

Wedl, Carl, Grundzüge der pathologischen Histologie. Wien 1853.

Register.

Druckfehler.

Seite 1, Zeile 8 von unten lese man K e r n wand anstatt Z e l l e n wand.

Erster Abschnitt.

Die Zelle und ihre Entwickelung zu Geweben.

———

Die kleinsten geformten Grundbestandtheile, aus wel- *Zellenbau.*
chen der Thierkörper sich aufbaut, nennt man Zellen.
Anatomisch erscheint die Thierzelle als rundliche, weiche
Masse, welche ein Bläschen — Zellenkern, nucleus — ein-
schliefst. Der Saum jener weichen Masse wird meist
von einer zarten Haut — Zellenmembran — gebildet, so
dafs alsdann die Zelle ein kugelförmiges Bläschen
mit weichem Inhalte darstellt, worin der Zellenkern
als zweites Bläschen liegt. An dem Kerne kommt ein
punktförmiger, zuweilen blasiger Körper — Kernkörperchen, nucleolus — vor; derselbe ist nicht constanter Bestandtheil, er erscheint oft erst in späteren Lebensperioden
der Zelle und ist in mehreren Fällen (Leydig) eine Verdickung, ein Vorsprung der Zellenwand. In der Wand
grofser Zellen sieht man Poren, an kleinen Zellen
werden dieselben vorausgesetzt.

Die Schöpfung der ersten Zelle ist uns unbekannt. Die *Zellenbil-*
gegenwärtige Entwicklungsgeschichte des Menschen und *dung und*
der Thiere betrachtet die Annahme der Ableitung aller *Vermeh-*
Thierzellen aus Zellen als gesichert (Remak) und führt *rung.*
auf die Eizelle als Mutterzelle aller Zellenbrut und Gewebe-

Winther, Lehrbuch d. path. Anat.   1

bildung zurück. Nach dem Einbohren des Samenfadens
mittelst spiraliger Bewegungen in die Eizelle beginnt von
dem Kerne — Keimbläschen — der letzteren aus ein
Furchungshergang, in dessen Folge der Inhalt der Eizelle
in Kugeln mit einem, oder mit mehreren Kernen sich
theilt und indem jede Kugel diesen Vorgang wiederholt,
zerfällt die Eizelle in zahlreiche Kugeln, deren anfangs
freier Saum zur Zellengränze oder Wand erstarrt. — Alle
Zellenfortpflanzung beginnt (Remak, Meifsner u. A.)
mit Kerntheilung: Jeder neue Kern wird von einer Abtheilung des Zelleninhaltes und der Zellenmembran umhüllt, welche sich alsdann von der Verbindung mit der Mutterzelle in verschiedener Weise abschnürt : Knospenbildung
z. B. erscheint als eine Art der Zellenvermehrung durch
Theilung, wobei Inhalt und Wand der Eizelle Hervorragungen — Eiertrauben — bilden, in welchen die neuen
Kerne liegen, der Fufs jedes Vorsprunges zieht sich stiel-
förmig aus und wird abgeschnürt.

Zellen-
wachsthum
und Wir-
kung.   Von jetzt an treten Bauverschiedenheiten unter den
einzelnen Zellen ein von einfacher Gestaltveränderung bis
zum Verlust der Selbstständigkeit; man hat folgende Verschiedenheiten beobachtet : Der Kern kann stabförmig
werden, sich verästeln, sich vermehren ohne, oder mit
Theilung der übrigen Zellenbestandtheile. In dem Kernkörperchen können sich Hohlräume bilden, dasselbe kann
länglich werden und nach Stilling verästeln. Die Membran bleibt als runde gewölbte Hülle, oder sie wird abgeplattet, oder kegelförmig, sie wächst nach verschiedenen
Richtungen aus. Die ganze Zelle verliert ihre Selbstständigkeit durch Verwachsen zur Faser, zu Röhrennetzen, durch
Verschmelzen zu Hohlräumen, z. B. zu Höhlen in Knochen
und Knorpel, zu Blut- und Lymphgefäfsen, zu Tracheen
(Leydig). — Gleichzeitig mit dem Eintritte der Ver-

schiedenheiten in dem Zellenbaue nach der Abschnürung entwickeln sich auch Verschiedenheiten in Zelleninhalt und Ausscheidung. Der Inhalt der Furchungszellen besteht aus Eiweifs und Fett, wie derjenige der Eizelle; derselbe wird jetzt in verschiedenen Zellen verschieden verändert, zu Nervenmasse, zu contractiler Substanz, zu Farbstoff, zu Fett u. s. w. Die Zellenausscheidung zeigt ebenfalls von der Abschnürung an grofse Verschiedenheiten in Menge und Gehalt. Die Menge der Absonderung mancher Zellen ist so gering, dafs dadurch nur die Zellengränze etwas verdickt wird, oder Verklebung der Zellen unter einander bewirkt wird, die reichlicheren Abscheidungen, welche die einzelnen Zellen auf weite Entfernung trennen können, werden Zwischenmasse — Intercellularsubstanz — genannt und kommen theils im festen, theils im flüssigen Zustande vor. — Es darf hieraus geschlossen werden, dafs Zellenbau und Thätigkeit in einem gewissen Abhängigkeitsverhältnisse stehen und dafs die Zellen Organe des Stoffwechsels sind.

Man hat den Zellen auch animale Fähigkeiten zugeschrieben und diese letzteren an bestimmte Zellenorgane zu knüpfen versucht (Leydig §. 13). Die Bewegungen, welche Dujardin an einem Limaxei, Ecker am Froschei, Remak an den Dotterkugeln des Hühnereies, Leydig am Pristiurusei gesehen haben, werden von Ecker und Leydig als vitaler Vorgang, von Remak als moleculäre Strömungen durch eindringendes Wasser aufgefafst.

Bis jetzt bleibt es wahrscheinlich, dafs selbst diejenigen Zellen des Menschen, welche nach feststehenden Entwicklungsgesetzen zu Nervenzellen oder Muskelzellen sich umwandeln, erst am Ziele ihrer Metamorphose in dem Nerven- und Muskelgewebe den Mechanismus darstellen, welcher die Leitungsfähigkeit eines Reizes und die Muskelcontractilität bedingt.

Zellenvertheilung und Menge.

In dem Entwickelungsplane und Aufbaue des Körpers der Menschen und der Thiere besteht ein Gesetz der Zellenvertheilung, so dafs selbstständige Zellen und Zellen, welche ihre Selbstständigkeit durch Verwachsen, Verschmelzen verloren haben, in verschiedenen, aber fest bestimmten Körpergegenden und Organtheilen sich vorfinden : z. B. ist die innere und die äufsere Körperoberfläche des Menschen mit Zellendecken von bestimmter Beschaffenheit und Dicke belegt, so dafs wir hier n u r selbstständig gebliebene Zellen von verschiedenen A l t e r s stufen vorfinden, ebenso besitzt die innere und die äufsere Oberfläche der Eingeweide Zellendecken und die k r e i s e n d e n F l ü s s i g k e i t e n des Thierkörpers bestehen aus selbstständig gebliebenen Zellen und aus Zwischenzellenmasse. Dagegen hat in dem Baue des Muskels, der Nerven, der Knochen, der Gefäfse, des Bindegewebes die Zellenselbstständigkeit aufgehört durch Verschmelzung. Die M ä c h t i g k e i t der Zellenlagen und der Zellenderivate hat ihre gesetzmäfsige, typische G r ä n z e.

Die pathologische Zelle.

Aus organischen Atomen, welche wir Zellen nennen, ist der normale thierische Körper aufgebaut; dieselben setzen aber auch alle diejenigen Bildungen zusammen, welche von der Norm abweichen, oder nur unter ungewöhnlichen Bedingungen in dem Menchenkörper entstehen ; wir nennen sie dann krankhaft, pathologisch. Die pathologischen Zellen sind entweder *umgewandelte* p h y s i o l o g i s c h e Zellen, oder

sie sind als solche *neu entstanden*. In dem normalen wie in dem krankhaften Körperbaue sind diese Atome,
welche man thierische Zellen genannt hat, nicht immer
wirklich von einer Gränzhaut, „Zellenmembran", abgeschlossen, sondern es finden sich z. B. in dem normalen
Blättchenepithel der serösen Häute, in dem neu gebildeten
Bindegewebe (Luschka) die Kerne von einem Molecular-
hofe umgeben, welcher eine „Rindensubstanz" um den Kern
bildet, rundlich, oder nach verschiedenen Richtungen ausgewachsen ist und somit die mannichfachen Z e l l e n formen
darstellen kann. Man hat defshalb Zweifel über das Daseyn
jener wirklich häutigen Abschliefsung derselben überhaupt
erhoben. Die B e z e i c h n u n g dieser Gebilde als Zellen ist
aber sehr allgemein verbreitet und es hat nach dieser
Verständigung keinen Einflufs für unsere Darstellung, ob
der Kern von einem Hofe umgeben wird, dessen äufsere Gränze
aus dicht an einander gereiheten kleinsten Theilchen gebildet ist, oder ob derselbe von einem Hofe umgeben wird,
dessen äufsere Gränze aus einer zusammenhängenden zarten
Haut besteht. — Was man seither unter „Zelleninhalt"
verstanden hat, würde hiernach freilich besser mit K e r n-
h o f allgemein bezeichnet, mag dieser eine Moleculargränze,
oder eine Hautgränze besitzen. Wenn wir von Zelleninhalt sprechen, so verstehen wir darunter diejenige Masse,
welche den Kern umgiebt, gleichgültig ob dieselbe nach
aufsen von einer Membran abgeschlossen wird, oder in
Folge einer Furchung den Kern molecular abgränzt. Ob
wir finden werden, dafs die Hautgränze jener Gebilde,
welche wir als Zellen bezeichnet sehen, erwiesen, oder
zweifelhaft vorhanden ist, oder dafs sie fehlt; die Haupt-
sache überall bleibt doch der Kern.

Die Beweisführung für die p a t h o l o g i s c h-anatomische
Bedeutung einer Zelle finden wir in der sorgfältigen Ver-

gleichung aller ihrer Eigenschaften mit allen Eigenschaften
der normal, gesetzmäfsig die bestimmten Abtheilungen
des Menschenkörpers zusammensetzenden Zellen. Wir untersuchen in dieser Weise Bau, Entwickelung, Vermehrung, Wachsthum, Wirkung, Vertheilung
und Menge unseres Gegenstandes.

Die Baubestandtheile der normalen Zelle sind
auch diejenigen der pathologischen, indefs fehlt hier öfters
die Rindensubstanz, so dafs in fast allen Neubildungen
eine verhältnifsmäfsig grofse Menge nackter Kerne sich
findet; die krankhafte Bildung, welche wir Tuberkel nennen,
ist ausschliefslich aus freien Kernen gebaut. Anderntheils
kommen hier sehr häufig Zellen mit zwei oder mehr
Kernen zur Beobachtung, wie wir dies ähnlich in den
normalen Embryozellen sehen.

Aus den Ergebnissen der normalen Entwickelungsgeschichte dürfen wir annehmen, dafs alle aus der
Zeugung hervorgegangenen krankhaften Zellenbil-
dungen auf die erste organische Bildungsbewegung der
Eizelle durch die Befruchtung zurückzuführen sind; es
gehören hierher Hemmungsbildungen, die pathologischen
Familienähnlichkeiten, die erbliche sog. Krankheitsanlage,
z. B. die anerzeugte Tuberkulose, Carcinose u. s. f. Weiter
wird anzunehmen seyn nach dem Vorgange der normalen
Entwickelungsgeschichte (Remak), dafs in nicht aner-
zeugten Krankheiten die erste pathologische Zelle
aus der normalen Zellenbildung ihres Fundortes hervorgeht, so dafs ein normaler Kern, oder eine normale Zelle als
Ausgangspunkt des ersten krankhaften Kernes, der
ersten krankhaften Zelle an der bestimmten Lagerstätte
zu betrachten ist.

Die Vermehrung pathologischer Zellen geschieht
wie in den normalen von dem Kerne aus und besteht wie dort

in Kerntheilung mit gleichzeitiger, oder nachfolgender
Theilung der Rindensubstanz. Der Kern theilt sich durch
Abschnürung in seiner Mitte, wodurch zunächst zwei Kerne
entstehen, welche oft längere Zeit von demselben Hofe
umgeben in einem Abstande, oder dicht zusammen liegen;
in gleicher Weise liegen zuweilen drei, vier Kerne, welche
aus wiederholter Kerntheilung hervorgegangen sind, in einer
gemeinschaftlichen Hülle und bilden die mehrkernigen Zellen. Die Form aller eben gebildeten jungen Kerne ist rund
und stellt ein Bläschen dar mit gleichförmigem, oder feinkörnigem Inhalte und 1—2 Kernkörperchen. Gewöhnlich
umgiebt sich nun jeder einzelne Kern mit Rindensubstanz, deren äußerer Umriß vorerst rund ist und
somit die Gestalt ihres Kernes wiederholt; die gemeinschaftliche Hülle ist jetzt verschwunden; in selteneren
Fällen bleibt diese auch jetzt noch bestehen und liefert
dann das Bild zur s. g. Tochterzellenbildung innerhalb einer
Mutterzelle. Zuweilen entwickelt sich eines, oder mehrere
dieser eingeschlossenen zelligen Gebilde zu einer
viel größeren Blase als die übrigen und bildet den Hohlraum Virchow's, dieser Hohlraum umschließt manchmal
kleinere Kerne und stellt alsdann den Brutraum Virchow's dar. Der Inhalt dieser Hohlräume besteht aus Eiweiß
und Sulzmasse ; den Inhalt der Bruträume bilden stark
granulirte, scharf umrissene, meist Fettkörnchen haltige
Kerne; es erscheint mir sonach diese Bildung als eine
entartete Fortpflanzung pathologischer Zellen. — Ebenso
erscheinen die s. g. Schachtelzellen als entarteter
Versuch pathologischer Zellenvermehrung, indem mehrere
concentrische Schichten in verschiedenen Abständen einen
Centralkern umkapseln.

Während des Wachsthums entwickeln sich an den
pathologischen Zellen wie an den gesunden die mannich-

fachsten Veränderungen ihrer Gestalt, Zusammensetzung
und Absonderung : Der Kern bleibt kreisrund, oder ver-
längert sich eirund, elliptisch, stabförmig, er bleibt klein,
oder vergröfsert sich. Das Wachsthum der Kernkörperchen ist dem Wachsthum des Kernes proportional, so dafs in
den kleinsten Kernen an der Stelle der Kernkörperchen
nur dunkle Punkte sichtbar sind; in den gröfseren
Kernen wachsen sie zu kleinen, scharf umrissenen dunkelen
Körperchen und in den gröfsten Kernen stellen sie
sich als glänzende Bläschen mit gleichförmigem Inhalte
dar; ihre Form ist gewöhnlich rund, man sieht aber auch
längliche, stabförmige, eingeschnürte Kernkörperchen. —
Der Kernhof — oder Rindensubstanz, oder Zellenmembran
und Inhalt, — schiebt seine Gränze weiter hinaus bis zu
einem gewissen Umfange, er bleibt gewölbt, oder wird
abgeplattet, derselbe bleibt rund oder wird kegelförmig,
eirund, spindelförmig, eckig mit oder ohne Regelmäfsigkeit
in der Kantenlänge und Eckenform. Hierbei bleibt die
ursprüngliche Selbstständigkeit jeder einzelnen Zelle
bestehen, man bezeichnet deshalb alle Zellen, deren
Wachsthum mit dieser einfachen Gestaltveränderung abschliefst, als selbstständig gebliebene, oder bleibende
Zellen. Dagegen wird auch ein Verschmelzen verschiedener Zellen unter einander beobachtet, ein Aufgehen
verschiedener Zellen zu einer neuen Einheit, welche letztere dann als Zellenabkömmling, Zellenderivat
bezeichnet wird. Diese Verschmelzung geschieht unter
pathologischen Zellen gerade so wie unter normalen, sie
geschieht entweder unmittelbar und bildet Cylinder, welche
Röhren, Fasern, Höhlen, Gefäfse genannt werden, oder
die Verwachsung wird vermittelt durch Ausläufer, welche
in einander übergehen, anastomosiren und Netzzüge bilden. Gleichzeitig mit dieser physikalischen Bewegung des

Kernhofes hat auch eine chemische Verschiebung
seiner Atome stattgefunden und an Stelle des indifferenten eiweifsartigen homogenen, oder feinkörnigen Gehaltes
der jungen Zellen kann jetzt Muskelsubstanz, Körnerpigment u. s. w. getreten seyn. — Auch die Abscheidung
hat sich geändert, und wird nun Zwischenzellenmasse,
Intercellularsubstanz genannt, welche in tropfbar-flüssigem
Aggregatzustande, z. B. in dem Eiter, in dem Krebssafte
die selbstständig gebliebenen Zellen umgiebt, oder in
weichen elastischen Schichten zwischen den Netzen der
neugebildeten pathologischen Bindegewebekörper liegt, oder
in dem höchsten Festigkeitsgrade die Verknöcherung darstellt.

Die normale Vertheilung und Anzahl der
Zellen und ihrer Abkömmlinge ist von einem gewissen
typischen Ordnungsgesetze beherrscht und hat absolute und
proportionale Gränzen. Das Auftreten pathologisch neugebildeter Zellen nebst ihren Derivaten folgt zwar im
Allgemeinen demselben Gesetze; aber in Bezug auf Vertheilung kommt vor, dafs in derselben Neubildung,
welche von einer einzigen Zelle ausgehen mag, dennoch
neugebildete Zellen neben einander entstehen, von welchen
ein Theil dauernd selbstständig bleibt und ein anderer
Theil zu Röhren und Fasern verschmilzt, z. B. in dem
Krebsbaue, und in Bezug auf Mächtigkeit kommt es vor,
dafs die Zellenbildung schrankenlos wuchert.

Fassen wir nun die Abweichungen in den Eigenschaften *Pathologi-*
zusammen, wodurch das ganze Zellenleben pathologisch *sches Zellenleben.
Krebszel-
len.*
erscheint, so werden wir zu dem Satze geführt : es beruht das pathologische Zellenleben in der
Ordnungswidrigkeit und Gesetzlosigkeit, womit die normalen Zelleneigenschaften sich
äufsern. Als Repräsentant für pathologische Neubil-

dung gilt daher der Krebsbau. Hier finden wir selbstständig gebliebene neugebildete Zellen, welche zwischen
den gröfseren und kleineren Lücken eines Grundgerüstes
aus neugebildetem Bindegewebe ihr Leben führen; bis
jetzt verhält sich dieser pathologische Bau gerade so wie
manche normale Baueinrichtung, auch hier finden wir ein
stützendes Gewebe aus Bindesubstanz, welches die Grundlage
verschiedener Gewebe, das Gestell der Drüsenzellen u. s. w.
bildet. Aber abweichend von der Norm finden sich auf einem
äufserst kleinen Raume Krebszellen in der gröfsten Verschiedenheit ihrer Gestalt und Gröfse, es besteht für ihren
Bau durchaus keine Regel, kein bestimmter Typus; in
diesem Sinne schon wird man dieselben nicht zu einem
der übrigen pathologischen, oder normalen Gewebe des
Erwachsenen oder des Embryo rechnen können, sie sind
rund, länglich, eckig, spindelförmig, bläschenartig, platt
unter einander gemischt. Einzelne darunter haben allerdings Aehnlichkeit mit gewissen Formen von Knorpel-,
Epithel-, Nerven- oder Sarcomzellen u. s. w., jedesmal aber
weichen alsdann die übrigen wieder völlständig davon ab;
durch Erweiterung des Kernes zu einem Hohlraume (Virchow) in seltenen Fällen erhält die selbstständig gebliebene Krebszelle Aehnlichkeit mit der Knorpelzelle, wenn
man die ursprüngliche Zellenwand mit der Knorpelkapsel
vergleichen will. In manchen Krebsformen, namentlich
in dem Gallertkrebsbaue liegen einzelne sog. Schachtelzellen mit drei bis sechs concentrischen Hofringen, deren
innerster Raum meist einen deutlichen Kern besitzt. Die
Kerne haben sehr verschiedene Gröfse, so dafs dieselben
als ganz kleine Bläschen bis zu aufserordentlicher Kerngröfse gefunden werden, indefs sind die Kerne mittlerer
Gröfse die zahlreicheren. Die Anzahl freier Kerne überwiegt häufig die Zahl der Hofkerne. Die Gröfse der Kern-

körperchen ist der Kerngröfse proportional. — Wie in ihrem Baue so verhalten sich die Krebszellen in ihrem Wachsthume verschieden, indem von mehreren dicht zusammen auf einem Punkte liegenden Zellen einige auswachsen und sich verästeln, während die anderen selbstständig bleiben. — Aufserdem verhalten sich die selbstständig gebliebenen Krebszellen verschieden von jedem anderen Zellentypus durch ihre Anordnung und durch ihre Vermehrung, indem dieselben regellos gelagert sind und gränzenlos wuchern. Häufig bemerkt man Kerntheilung und Zellen mit zwei bis vier Kernen, weniger beständig finden sich s. g. Mutterzellen mit endogenen Tochterzellen, selten sind „Bruträume mit endogener Kern- und Zellenbildung" (Virchow) vorhanden. — Die Absonderung oder Intercellularsubstanz der selbstständig gebliebenen Krebszellen ist verschieden, bald spärlich, bald reichlich, bald tropfbar, bald gallertdicht, sie ist bald trüb, blafsgrau und eiweifshaltig, bald klar, farblos und reich an Schleim. — Das Mengenverhältnifs der Zellen sammt ihrer Absonderung, also das Verhältnifs des s. g. Krebssaftes einestheils zu dem bindegewebigen Gerüste anderntheils ist sehr wechselnd, so dafs für das freie Auge die weicheren Krebsformen aus dem Safte aufgebaut erscheinen, an festeren Krebsgeschwülsten dagegen ihr Gestell leicht sichtbar ist.

Die pathologische Zellenrückbildung.

Es ist eine allgemeine und *wichtige* Eigenschaft der Zellen, ihren Hof, oder Inhalt, ihren Kern und hiermit auch ihre Abscheidung oder Zwischensubstanz umzubilden. Aus dieser Eigenschaft lassen sich die verschiedenen Hergänge ableiten, welche wir als Erscheinungen des organischen Wachsthums kennen gelernt haben; ebenso führen uns die Erscheinungen des *Zellenunterganges* auf jene Eigenschaft zurück. Wir sehen diese letztere Erscheinungsreihe nach vollendetem Wachsthume sowohl an n o r m a l e n wie an p a t h o l o g i s c h e n Zellen, man bezeichnet sie defshalb als U m w a n d l u n g *fertiger* Z e l l e n und da in derselben der Zellenbau verödet und das organische Gewebe zu Grunde geht, als Entartung oder R ü c k b i l d u n g, insbesondere als p a t h o l o g i s c h e R ü c k b i l d u n g, wenn dieselbe unter u n g e w ö h n l i c h e n Bedingungen eintritt. Die A r t dieses Unterganges wechselt, je nach ihrem Gepräge unterscheiden wir : d i e F e t t - u m w a n d l u n g, d i e K a l k u m w a n d l u n g, d i e V e r - b i n d u n g b e i d e r i n d e m A t h e r o m, d i e V e r h o r - n u n g, d i e G a l l e r t u m w a n d l u n g, u n d d i e F a r b - s t o f f u m w a n d l u n g. Am häufigsten und reinsten werden diese Umwandlungsformen an den s e l b s t s t ä n d i g g e - b l i e b e n e n Zellen beobachtet; aber auch die u n s e l b s t s t ä n - d i g g e w o r d e n e n Zellen, die s. g. Zellenabkömmlinge, Zellenderivate gehen diese Metamorphosen ein, wobei bemerkenswerth ist, dafs zugleich Andeutungen ihrer früheren selbstständigen Zellenform durch U e b e r g a n g d e r s t r a h l i g e n in die rundliche Gestalt und durch E i n s c h n ü r u n g e n in verschiedenen Abständen ihrer g e s t r e c k t e n, r ö h - r e n a r t i g g e w o r d e n e n Form vorkommen.

Unsere nächste Aufgabe besteht nun darin, die eben aufgestellten sechs Formen der pathologischen Rückbildung einzeln zu betrachten und ihre verschiedenen Fundorte zu bezeichnen.

Fettum-
wandlung.   Die F e t t f ü l l u n g als pathologische Fettmetamorphose, fettige Entartung an normal vorhandenen wie an neugebildeten Zellen und deren Geweben unterscheidet sich von der normalen Fettfüllung zunächst dadurch, dafs in der pathologischen Fettumwandlung n i c h t wie in der normalen

der Zellenumfang von einem einzigen grofsen Fetttropfen
ganz ausgefüllt ist, sondern gewöhnlich mehrere kleine
Fettkörner enthält, welche nur in seltenen Fällen zu einer
einzigen grofsen Kugel zusammenfliesen. — Die pathologische Fettmetamorphose verhält sich anatomisch überall
auf gleiche Weise : Die Zellen enthalten Körnchen mit
dunkelen, scharfen Umrissen in verschiedener Menge, so
dafs dieselben dem s e i t h e r i g e n Zelleninhalte, oder Kern-
hofe — welcher klar, oder feinkörnig und blafs ist — b e i -
g e m i s c h t erscheinen, oder denselben v ö l l i g v e r -
t r e t e n. Mit zunehmender Füllung werden die einzelnen
Körner zugleich gröfser und sind zuweilen bereits zu
Tröpfchen zusammengeflossen, sie verdecken nun den K e r n.
Der Kern geht zu Grunde, der Z e l l e n u m f a n g wird um
das vierfache vergröfsert gefunden, es entsteht auf diese
Weise das, was man „Körnchenzelle" genannt hat. Gewöhnlich verschwindet später die s c h a r f e Z e l l e n g r ä n z e
und die Körner b l e i b e n nun entweder locker zusammen-
geballt und bilden „Körnerhaufen," oder die Körner z e r -
f a l l e n nach Auflösung der gemeinschaftlichen Gränze in
kleinere Theilchen, welche hierauf zur Bildung von „Emulsivmassen" dienen, worin Cholestearin- und Salzkrystalle
in verschiedenen Mengen liegen. Diese Emulsivmassen
sind aufsaugbar, sie können verschwinden; die Fettmetamorphose vermittelt durch dieselben die *pathologische Aufsaugung* der Gewebe. — Der G e s a m m t h e r g a n g der
f e t t i g e n E n t a r t u n g von dem Erscheinen bis zu dem
Zerfalle des Fettes geschieht öfters innerhalb weniger
Stunden, andere Male bleibt die v o l l e n d e t e Füllung mit
Fett Monate lang unverändert. — Auch in der Z w i s c h e n -
m a s s e, welche die fettig entarteten Zellen trennt oder
verbindet, liegen zuweilen kleine Fettkörnchen zer-
streut, oder in Reihen geordnet. — Als V e r b i n d u n g

dieser Fettmetamorphose ist die allgemeine Wucherbil-
dung, Hypertrophie des Fettgewebes zu nennen; aus
dieser Verbindung geht die Bezeichnung „Fettsucht" hervor. — Aufserdem ist bei Fettumwandlung zugleich die
Anwesenheit von Fett in dem Blute durch mikroskopische sowohl, wie durch chemische Analyse nachgewiesen.
Nach A. Foerster (path. Anat. 1852, II, 95) kann
man durch Einspritzen von flüssigem Fette in die Blutgefäfse
die fettige Entartung künstlich erzeugen. — Vielleicht ist
es möglich, durch Fett- oder Thrankuren das Eingehen
krankhafter Gewebe in diese Metamorphose zu unter-
stützen, oder die Bedingungen dazu einzuleiten und dadurch
die pathologische Resorption derselben vorzubereiten.

Die Fettumwandlung *physiologischer* Zellen und
Zellengebilde findet sich bei verminderter Lungen-
capacität vor in den Leberzellen und in dem Nieren-
epithel, zuweilen auch in den Milzzellen; bei mangel-
haftem, gelähmtem Einflusse des Centralnervensystems
findet sie sich vorzugsweise in den Muskeln. In diesen
Fällen ist die Verbrennung des Kohlenstoffes krankhaft vermindert; ebenso findet sich Fettumwandlung bei
Säuferdyskrasie und fortgesetzt stickstoffloser Nahrung, und
in diesen Fällen ist die Zufuhr von Kohlenstoff in dem
thierischen Haushalt übermäfsig vermehrt. — Es kommt
aber auch Fettumwandlung ohne diese Einflüsse vor und
es bedarf unter allen Umständen hier wie anderwärts
noch der Concurrenz anderer uns unbekannter Bedingungen,
welche die Theorie zum Theil in der Lebensthätigkeit der
Zellen selbst sucht, deren Aeufserungen man sich als
Aufnahme, Umwandlung und Abgabe von Stoffen vorstellt.

Kalkum-
wandlung.   In der Kalkmetamorphose füllen sich die Zellen
mit dunkelen Staubtheilchen; diese letzteren häufen sich,
wachsen, fügen sich aneinander zu gröfseren Körnern.

Die Kalkzellen erhalten hierdurch ein dem Aussehen der
Zellen in der Fettumwandlung ähnliches Aussehen. In gleicher Weise wird der Kern und die Hofgränze belegt, die Ränder werden dunkel, schwarz, der Zellenbauch erhält einen
starken Glanz durch Lichtreflex. Auch die Zwischenzellenmasse verkalkt, es werden auf diese Weise gröfsere Zellengruppen in Kalkmassen umgewandelt oder mit Kalk belegt,
wobei die Lagerung der Kalkkörner den Grundzügen
des Gewebebaues folgt, ohne indefs ganz gleichförmig
darin verbreitet zu seyn. Zusatz von Salzsäure löst diese
Massen auf, die Lösung geschieht zuweilen unter reich-
licher Entwickelung von Luftblasen, deren verschiedene
Menge auf das wechselseitige Mengenverhältnifs zwischen
Phosphorsäure und Kohlensäure in der Verkalkung schliefsen
läfst, während ihr Fehlen die Abwesenheit der Kohlensäure bekundet. Nach dieser Lösung der Kalksalze erscheint öfters der ursprüngliche Gewebebau wieder; andere
Male dagegen zeigen sich nach dem Ausziehen der Kalkmassen Hohlräume, welche unter einander zu einem
gröfseren Höhlensysteme verschmolzen sind, zwischen
welchem nur sehr dünne Gewebewände stehen geblieben
sind.

Sowohl die physiologischen wie die pathologisch
neugebildeten Gewebe gehen die Verkalkung als pathologische Rückbildungsweise ein, dieselbe kommt an fast
allen Körpertheilen vor, sowohl an Geweben aus selbstständig gebliebenen Zellen, wie an Geweben aus Zellen-
abkömmlingen, und stimmt wesentlich überein mit dem
normalen Uebergange des Hyalinknorpels oder des Bindegewebes zu Knochengewebe durch Imprägnirung mit Kalksalzen.

Der Vorgang der Verkalkung ist an allen diesen
verschiedenen Geweben stets derselbe, so dafs die Kalk-

salze allerwärts zuerst moleculär, dann in Schichten die
Gewebeelemente umwandeln, oder durchsetzen, imprägniren. — Gröfsere Kalkmassen fühlt man als harte, runde,
oder unregelmäfsige, maulbeerartige Körner und nennt
dieselben Steine — concrementa, concretiones.

Die Verkalkung ist meist auf einzelne Gewebestellen
beschränkt und hat in Bezug auf Entstehung eine örtliche Bedeutung. Virchow hat verschiedene Fälle beobachtet, in welchen derselbe die Kalkumwandlung von
Ueberladung des kreisenden Blutes mit den Kalksalzen aus Knochenzerfall durch Verschwärung ableitet.

Fett- und
Kalkum-
wand-
lung, —
ἀϑήρωμα. Neben den Kalkkörnern kommen zuweilen Fettkörner vor, dieses Zusammentreffen der beiden
Metamorphosen hat man Breibildung — atheroma
— atheromatöse Entartung genannt. Man erkenut
den Antheil der beiden Umwandlungen einerseits an der
Gegenwart einer Menge von Cholestearinkrystallen, andererseits an der Lösung einer Körneranzahl durch Salzsäurezusatz. — Die Atheromentartung bildet gleichfalls eine
Form des Zerfalles für physiologische wie für pathologisch neugebildete Gewebe, so dafs Trümmer des
Gewebes in einem blafsgelben Fettkalk sich finden; sie
ist immer auf umschriebene Stellen beschränkt. Dieselbe
kommt namentlich vor an den selbstständig gebliebenen
Zellen des Inhaltes mancher Balggeschwülste und Krebsgeschwülste der äufseren Haut. Ferner ist dieselbe häufig
beobachtet an der Wandung gröfserer Schlagadern, wo
dieselbe an der inneren Hautlage beginnt und zur mittleren
vorschreitet; nächst häufig an kleinen Schlagadern und
an der Innenfläche des Herzens; — in diesem Vorkommen
finden wir das Atherom gewöhnlich verbunden mit
Kreislaufstörungen durch Klappenfehler des Herzens

und der grofsen Schlagadern; diese Verbindung bildet die beiden Hauptpfeiler der A p o p l e x i e , indem das Atherom B r ü c h i g k e i t der Blutgefäfse bedingt, so dafs dieselben widerstandlos werden gegen den Seitendruck des durch Klappenfehler angestauten Blutes und gelegentlich bersten.

Unter den Namen A t r o p h i e , k ä s i g e E n t a r t u n g , T u b e r k u l i s i r u n g ist ein Vorgang bekannt, dessen Hauptkennzeichen mit den Eigenschaften der normalen Verhornung zusammenfallen, wie dieselbe täglich z. B. an der Oberhaut vorkommt. Da nun dieser Hergang nicht immer als Folge der Entziehung von Nahrungsmaterial sich ausweist, da derselbe aufserdem n e b e n dem Tuberkel und a n dem Tuberkel s e l b s't stattfindet, so entnehmen wir seine Bezeichnung aus der Physiologie, oder von seinem physiologischen Vorbild.

Horn-umwand-lung — atrophia — käsige Ent-artung — tuberculi-satio. —

Nach Vollendung ihrer Blüthezeit verliert die Zelle einen Theil ihres Saftes; dieser Verlust führt zur Verhornung (Atrophie), die Zelle wird s o l i d , ihr Umfang verkleinert sich, sie wird eckig, undurchsichtig, sie reagirt nicht mehr auf Wasser; in E s s i g s ä u r e und in K a l i quillt sie erst nach geraumer· Zeit, wird dann blafs und verschwindet, o h n e dafs hierbei ein Kern bemerkt werden konnte. — In dieser S o l i d i t ä t kann die Zelle von nun an lebenslang unverändert verbleiben, schrumpfen (e i n f a c h e Atrophie); in Gruppen bildet die V e r h o r n u n g blafsgelbe oder blafsgraue harte biegsame Schuppen oder dickere Körper. Von hier aus können zwei w e i t e r e Formen der Rückbildung eintreten, nämlich entweder Schwinden durch pathologische Aufsaugung (n u m m e r i - s c h e Atrophie), oder Z e r f a l l der nach Verlust ihrer endosmotischen Fähigkeiten bereits amorph und unkenntlich gewordenen Zelle in Eiweifsstaub. Diese letztere

Form des molecularen Zerfalles hat der Verhornung den
Namen käsige Entartung, Tuberkulisirung verschafft.

Dieser ganze Vorgang findet sich physiologisch in den
täglichen Ablösungen der Epithelien; derselbe ist am
reinsten zu beobachten an den selbstständig gebliebenen
physiologischen und pathologischen Zellen, z. B. an dem
Eiter und Tuberkel. Derselbe kommt aber auch in den
Geweben der Bindesubstanz, in dem Muskel- und in dem
Nervengewebe vor. Am häufigsten findet er sich in
Tuberkelkranken, so dafs derselbe fast einen Bestandtheil
der Tuberkulose bildet. Aufserdem hat die pathologische
Verhornung meist nur einen örtlichen, mechanischen
Grund, welcher die Zufuhr der Ernährungsflüssigkeit den
Geweben entzieht, durch Druck oder Verwachsung der
Gefäfse.

Gallert-
umwand-
lung,
Colloïd-
metamor-
phose.

Colloïd hat man eine Sulzmasse genannt, welche
farblos oder gelblich ist und einen matten Glanz besitzt,
beim Kochen nicht Leim giebt, sondern einen Schleimstoff und Eiweifs enthält; diese Sulzmasse hat hie und da
geformte Elemente, Zellen und Kerne, besonders s. g.
Schachtelzellen oder Kerne mit concentrischen Schichten
eingeschlossen, häufig aber sind nicht einmal Zellenreste
nachzuweisen, da die gleichförmige Zwischenmasse allein
übrig bleibt. Es ist mir wahrscheinlich, dafs das „Colloïd" als pathologisches Gallertgewebe aufzufassen sein möchte, wenigstens verhält sich Dieses in seinem
anatomischen wie chemischen Baue übereinstimmend mit
jenem.

Als pathologische Umwandlung physiologi-
scher Gewebe findet sich die Gallerte sehr häufig in der
Schilddrüse, in dem Hirnanhange, in plexus choroidei, in
Lippendrüsen. An Neubildungen findet sie sich in
neugebildetem Drüsengewebe, in dem Gallertkrebse, in

manchen Balgräumen oder Cysten der Harn- und Geschlechtsdrüsen und der Fledermausflügel.

Diese Metamorphose beginnt mit Klärung von Zelleninhalt oder Rindensubstanz der Kerne, worauf die Hofgränze sich oft um das 10fache ausdehnt; der Kern wird
dann aufgebläht, betheiliget sich gewöhnlich und verschwindet.

Virchow fand, dafs einige s. g. Colloïdkörper,
namentlich in dem Ependyma und in atrophirenden Nerven-
theilen, eine Substanz enthalten, welche die Reactionen
der Pflanzencellulose darbietet. Aufserdem ist das
in dem seitherigen Umfange sehr dunkele Colloïdgebiet
durch die Untersuchungen von Lebert, Frerichs,
Scherer, Simon u. A. bereits auf natürlichere Gränzen
zurückgeführt, innerhalb welcher übrigens gewöhnlich
noch mehrere verschiedene Arten als Colloïd, Cellulose,
Albumen u. s. w. aufgeführt werden. Die Bestimmung, ob
diefs verschiedene Arten oder nur Uebergangsformen sind,
lassen weitere Untersuchungen erwarten.

Es gehört zur Bauregel mancher physiologischer
Gewebe, dafs dieselben Farbstoff — pigmentum — führen.
Der Farbstoff ist hier entweder gelöst vorhanden, wie in
den rothen Blutkörperchen, oder die Färbung der Gewebe
ist bedingt durch die Gegenwart sehr kleiner, verschieden-
artig gestalteter Körperchen, s. g. Pigmentmolecüle.
Diese Körnchen bilden den Inhalt von Zellen, welche sehr
verschiedene Formen darbieten, z. B. Epithel- und Stroma-
zellen der Aderhaut des Auges, Malpighische Netzzellen
der Neger, Ganglienzellen der schwarzen Masse in den
Hirnschenkeln. — Solche Farbtheilchen sind von Henle
als körniges Pigment bezeichnet worden. Neben
dem normalen Vorkommen findet sich das körnige Pigment
als pathologische Umwandlung sowohl physiologischer wie

*Farbstoff-
umwand-
lung.*

2 *

pathologisch neugebildeter Gewebe, und zwar theils als
pathologische Umbildung des Zelleninhaltes (Virchow), theils in Form freiliegender Farbmassen.
Die pathologische Füllung des Zellenum-
fanges mit Farbtheilchen besteht in derselben
Weise wie die normale, hier wie dort füllt das Pigment
oft nicht vollständig den Kernhof und liegt meist am
dichtesten in der nächsten Umgebung des Kernes, oder
in dem Kerne selbst. — Die pathologischen Farbtheilchen
werden als starre, formlose Massen, als Pigmentkörner
und Pigmentkrystalle unterschieden. Die kleineren Körner
sind dunkel, undurchsichtig, die gröfseren und scharf-
kantigen werfen das Licht gewöhnlich mit starkem Glanze
zurück; ihre Farbe ist gelb, braun, roth oder schwarz
in verschiedenen Schattirungen; die Krystalle im Besonderen sind gewöhnlich schön braunroth, seltener schwarz.
Die Gröfse der normalen Farbtheilchen beträgt ungefähr
0,0006''' im Durchmesser, die pathologischen sind von derselben Gröfse bis zu 0,008''' und 0,016''' Länge, 0,002'''
Breite von Virchow beobachtet. Bei einzelnen normalen
Farbtheilchen kommen Andeutungen einer Krystallbildung
vor in Form spitzer oder stumpfer Hervorragungen; die
gröfseren pathologischen besitzen meist ausgebildet rhombische Krystallformen und bilden zuweilen ziemlich dicke
rhombische Säulen und lange Nadeln.
    Die einzelnen Farbtheilchen verhalten sich verschie-
den gegen Reagentien (Förster) : Kali bewirkt in
braunen und rothen Massen Lösung und Entfärbung;
— durch concentrirte Mineralsäuren werden sie
zersetzt unter Farbenveränderung, theils in
dunkelpurpurroth, oder in dunkelbraun, worauf sie
verblassen; theils tritt vor dem Verblassen die Farben-
spielreaction des Gallenfarbstoffes ein : purpurroth,

grün, blau (violett), gelb. Der vollkommen schwarze, an Kohlenstoff sehr reiche Farbstoff reagirt zuweilen gar nicht.

Neben Farbstoff in Zellen findet man öfters freien Farbstoff als einzelne Körnchen oder Gruppen. Dieser Befund hat entgegengesetzte Deutungen erhalten. Bruch sieht darin die Entwickelungselemente der Pigment-, zelle; Virchow ihren Zerfall.

Pathologisches Pigment kommt in den verschiedensten Körpergegenden vor; zu den physiologischen Geweben, in welchen man öfters abnorme Färbung findet, gehören die Malpighischen Netzzellen bei Sommersprossen, Leberflecken, bei chloasma uterinum, nigrities, Addison'scher Bronzefarbe, Pigmentknoten — melasma granulatum — (Fuchs); ferner gehören hierher die Epithelien der Gefäfse, der Schleimhäute, die Milz-, Leber-, Lungen- und Nierenzellen, die Bronchialdrüsen, das Gehirn, der Eierstock. — Zu den pathologischen Geweben für häufiges Vorkommen von Pigmentbildungen gehören die Balgräume oder Cysten, das Gewebe der Thrombus- und Extravasatmetamorphose und verschiedener Geschwülste, namentlich Sarkom und Krebs; in Pigmentkrebsen fand Heschl neben vollkommen gefärbten Krebs- und Bindegewebezellen zugleich theilweise gefärbte und wie gewöhnlich farblose.

Ueber die Abstammung des pathologischen Farbstoffes bemerkt Virchow (Handb. I, 308): „Viele Pigmentbildungen sind den Neubildungen zuzurechnen, allein ein grofser Theil stammt von der regressiven Induration der Blutkörperchen, oder von der Umbildung des normalen, oder imbibirten Zelleninhaltes". In Milz- und Hirnblutergüssen sind bluthaltige Zellen, oder zellenartige Körper gesehen worden, Ecker, Hasse, Kölliker nehmen an,

dafs h i e r a u s Pigmentzellen sich bilden könnten. — In
der That entstehen pathologische Färbungen gewöhnlich
im Gefolge von Blutaustritt, Apoplexie; jedoch ist nicht
immer dieser Vorausgang nachzuweisen.

Die Pigmentbildung in einer ausgetretenen Blutmasse geschieht nach den Beobachtungen von V i r c h o w aus den rothen
Blutkörperchen auf zwei verschiedene Weisen, entweder
mittelbar durch A u s z u g ihres Blutfarbstoffes, oder u n -
m i t t e l b a r durch V e r h o r n u n g der Blutkörperchen —
regressive Induration (V i r c h o w) — : In der m i t t e l b a r e n
Pigmentbildung v e r l i e r e n die Blutkörperchen ihren Farbstoff, verblassen und verschwinden, der Blutfarbstoff durchdringt nun die umgebenden Gewebetheile und färbt die-
selben als d i f f u s e s P i g m e n t b l a f s g e l b oder r o s t -
f a r b e n ; — später schlagen sich daraus K ö r n e r nieder,
welche gelb, braun, roth oder schwarz sind, und endlich
nach 14 Tagen und später können K r y s t a l l e entstehen
von schön r o t h e r Farbe oder s c h w a r z e m Aussehen
und verschiedener Gröfse. — In der u n m i t t e l b a r e n
Pigmentbildung durch V e r h o r n u n g werden die rothen Blutkörperchen selbst einzeln oder haufenweise in Pigmentkörner
umgewandelt, sie werden hierbei klein, eckig, solid, ihre
Farbe dunkelt und durchläuft dieselbe Tonreihe von blafsgelb zu braun, roth bis schwarz. — Beide Reihen der
Pigmentbildung können neben einander vorkommen, die
mittelbare ist die häufigere; nach ihrer Farbe erhalten die
Pigmentkrystalle die Bezeichnungen haematoidin, kirrhono-
sin, melanin — und bedingen die Formen der Gewebeveränderungen, welche als xanthosis (L e b e r t), kirrhonosis
(L o b s t e i n), melanosis (L a e n n e c) beschrieben worden.
— Nach V i r c h o w besitzt jedes Organ eine „Disposition"
zur Hervorbringung bestimmter Farben.

In dem diffusen Aggregatzustande kann der pathologische Farbstoff aufgesaugt werden, die Farbkörner verkleinern sich gewöhnlich, die Krystalle dagegen lagern, wie es scheint, unverändert in den Geweben.

Schlufsbemerkung : Wir haben gesehen, 1) dafs alle die bisher aufgeführten Zellenumwandlungen die pathologischen Wiederholungen physiologischer Hergänge sind, 2) dafs dieselben alle, sowohl in normal vorhandenen, wie in neugebildeten Geweben, pathologisch vorkommen, 3) dafs jede derselben zum Untergange des Gewebes führen kann.

Gewebe.

Die Zellen und Zellengebilde treten in gröfseren Massen zusammen, welche man Gewebe genannt hat. Diese Gewebe haben verschiedene anatomische und physiologische Eigenschaften und Beziehungen, welche den systematischen Gruppirungen derselben zu Grunde gelegt werden können. Man hat vier Gruppen von Geweben unterschieden und in verschiedener Reihenfolge aufgezählt. Entnehmen wir, so weit diefs angeht, diese Reihenfolge der Lage der Keimblätter, aus welchen die Bildung der Gewebe hervorgeht. Die Keimblätter sind bekanntlich hautartige Lagen, zu welchen sich bei allen Wirbelthieren die Zellen in dem befruchteten Ei ordnen ; man unterscheidet ein oberes, mittleres und unteres Keimblatt, von welchen das obere und untere die rein zelligen oder epithelialen Bildungen liefert, während aus dem mittleren Blatte das Gewebe der Bindesubstanz, das Muskel- und Nervengewebe hervorgeht. Hierzu kommt das Medullarrohr, welches aus einer centralen Verdickung des oberen Keimblattes entsteht, woraus dann die Nervencentren sich entwickeln. Die

erste Gruppe von Geweben würde hiernach umfassen :
die Gewebe der selbstständig gebliebenen Zellen; — die zweite Gruppe : die Gewebe der Bindesubstanz; — die dritte Gruppe : das Muskelgewebe; — die vierte Gruppe : das Nervengewebe.

Gehen wir nun zur näheren Untersuchung dieser
vier Gewebegruppen in ihren allgemeinen patholo-
gisch-anatomischen Eigenschaften, welche wir ihren
normalen anreihen und vergleichen wollen.

Zweiter Abschnitt.

Die Gewebe der selbstständig gebliebenen Zellen.

————

Die Zellen der hierher zählenden Gewebe bleiben Allgemeine Eigen- schaften. isolirt, ihre Abscheidungen oder Zwischenzellenmassen haben verschiedene Aggregatzustände und sehr verschiedene Mengenverhältnisse in den einzelnen Geweben. Der Flüssigkeitsgrad und die Menge einer bestimmten [Intercellularsubstanz sind einander proportional, so dafs dadurch die Zellen entweder weit getrennt und äufserst leicht verschiebbar sind, oder dafs die Zwischenmasse nur eben hinreicht, die Zellen unter einander zu verbinden, zu verkleben. Es gehören hierher das Blut und die Lymphe, die Epithelien, die Drüsenzellen, das Horngewebe, die Krystalllinse.

————

Die pathologischen Gewebe der selbstständig gebliebenen Zellen.

————

In pathologischen Neubildungen stellen die neu- Allgemeine Eigen- schaften. gebildeten bleibenden Zellen mit denselben allgemeinen Eigenschaften wie die normalen bleibenden Zellen Gewebe dar und sind gleichfalls entweder durch spärliche klebende Grundmasse zusammengehalten, oder sie schwimmen in einer flüssigen reichlichen Intercellularsubstanz entfernt unter einander. Die neugebildeten, selbstständig gebliebenen Zellen führen, wie die normalen, ihr Leben auf freien Flächen, oder in Hohlräumen mit und ohne Ausführungsgang.

Besondere Eigenschaften der Gewebe aus selbstständig gebliebenen Zellen.   Unter den Geweben der selbstständig gebliebenen Zellen bemerken wir Unterschiede mit freiem Auge, wie mittelst des Mikroskopes. Diese Unterschiede gehen hervor aus der Form, Farbe, Gröfse der Gewebebestandtheile und deren wechselseitigem Mengenverhältnisse, sie gehen hervor aus der Vertheilung des einzelnen Gewebes in dem Körper, aus seiner Anordnung in gröfseren und kleineren Hohlräumen, oder auf Flächen. Unsere nächste Aufgabe besteht darin, dieselben in ihrer Eigenschaft als Mitglieder dieser Gewebegruppe jetzt einzeln zu verfolgen und ihre pathologische Erscheinung auf ihr physiologisches Dasein zurückzuführen.

Blut und Lymphe.   1) Blut und Lymphe nebst Chylus. Die Blut- und Lymphkügelchen, so wie die Chyluskörperchen sind die selbstständig gebliebenen Zellen, welche durch eine flüssig bleibende Zwischenzellenmasse entfernt von einander gehalten werden; — diese Zwischen- oder Grundmasse bildet den liquor sanguinis, lymphae, chyli, oder die Flüssigkeit dieser Gewebe in des Wortes engerer Bedeutung.

Blut durchströmt in Gefäfsräumen, bewegt von der Stofskraft des linken Herzens, alle Körpertheile und giebt von seiner Flüssigkeit an alle Gewebe ab, während die übrige Blutmasse in den Gefäfsen bleibt und darin zum Herzen zurückströmt. Diese Abgabe geschieht aus den feinsten Haargefäfsen; von jetzt an dürfen wir die abgegebene Blutflüssigkeit Gewebesaft nennen, ihre

Strömung jenseits der Gefäfswand hat man den intermediären Kreislauf genannt, in diesem wird der Gewebesaft
zum Theil von den Wurzeln der Lymphgefäfse aufgenommen, welche hier in den feinsten Anfängen liegen und den
Saft durch ihren Stamm in die linke Unterschlüsselbein-
blutader ergiefsen, so dafs nun der zurückgekehrte Gewebesaft durch die gemeinschaftliche Hohlader und von hier
durch die absteigende Hohlader zum r e c h t e n Herzen gelangt; einen anderen Theil des rückströmenden Gewebesaftes nehmen die kleinsten Blutadern auf und führen
denselben durch die Hohladern zum r e c h t e n Vorhofe,
durch welchen er zur rechten Herzkammer eintritt. Von
dem r e c h t e n Herzen wird das s ä m m t l i c h e B l u t,
welches aus dem grofsen Kreislaufe zurückgeströmt war,
in die Lunge getrieben, wo es athmet und dann durch
die Lungenadern zu dem l i n k e n Vorhof gelangt, hier
schliefst dasselbe seinen kleinen Kreislauf ab, um von neuem
auf der grofsen Bahn fortgetrieben zu werden.

Aufser dem R ü c k s t r o m e durch die Lymphgefäfse
erhält das Blut f r i s c h e Zufuhr eines Saftes, welchen
man Speisesaft — chylus — nennt und welcher in den
Wurzeln der Chylusgefäfse am Dünndarme aufgenommen
den Lymphgefäfsen und ihrem Hauptstamme, und hierdurch
dem rechten Herzen zufliefst.

Wir kennen hiernach zwei Pole der L y m p h e b e r e i-
tung, von welchen der eine in. allen Organen, der
andere am D ü n n d a r m e liegt und von welchen der erstere
den G e w e b e s a f t aus dem Z w i s c h e n k r e i s l a u f e, der
zweite den S p e i s e s a f t aus der V e r d a u u n g führt.
Weiterhin resultirt hieraus die E r n ä h r u n g d e s B l u t e s
durch Zufuhr aus den Lymph- und Chylusgefäfsen, sowie
die E r n ä h r u n g a l l e r ü b r i g e n G e w e b e durch Zufuhr
aus den Blutgefäfsen.

Untersuchen wir nun pathologisch – anatomische Er-
eignisse aus dieser normal – anatomischen Einrichtung des
Bluthaushaltes. — Bau und Ursprungsstelle lassen für
zwei hierher zählende pathologische Gewebe vermuthen,
daſs dieselben aus diesem Haushalte hervorgehen. Aus
dem Blute scheint der Eiter, aus der Lymphe der
Tuberkel unter gewissen Bedingungen sich zu entwickeln.

Eiter. *Eiter* besteht aus blassen Zellen, deren Intercellularsubstanz flüssig bleibt und farblos ist. Häufig enthält die
Eitermasse zugleich blasse kleinste Theilchen, welche
wahrscheinlich Eiweiſsverbindungen sind, „Eiweiſsmolecüle",
sehr selten einzelne freie Kerne; in gewissen Fällen
finden sich in dem Eiter zugleich Zellen, welche das Licht
zurückwerfen und daher stellenweise oder durchweg glänzend erscheinen. — Dem freien Auge erscheint der Eiter
blaſsgelb, derselbe besitzt in der Regel die Dichtigkeit
von Milch oder Rahm.

Die Zellen in dem Eiter oder die Eiterkörperchen sind kugelig und lassen sich in gröſsere und klei-
nere Zellen von $^{1}/_{200}{'''} - ^{1}/_{500}{'''}$ im mittleren Durchmesser
unterscheiden. Der Kernhof oder Zelleninhalt wird von
kleinsten blassen Theilchen gebildet, welche einen Kern
oder mehrere, 3—4 Kerne umgeben und zum Theil verdecken. Der Kern ist rund, scharf umrissen, und enthält
1—2 Kernkörperchen. Die Gröſse der Kerne verhält sich umgekehrt wie ihre Zahl, ihr Durchmesser
schwankt zwischen $^{1}/_{300}{'''} - ^{1}/_{600}{'''}$. Aus der Verglei-
chung verschiedener Kerne ergiebt sich die Gestalt-
und Zahlveränderung, welche die gewöhnliche Entwickelungsweise der Kerne bis zur völligen
Theilung und Vermehrung derselben umfaſst : hierher gehört die längliche Gestalt des einfachen Kernes,
seine Einschnürungen auf verschiedene Tiefe mit je einem

Kernkörperchen in jeder Theilungshälfte und die schliefs-
liche V e r d o p p e l u n g des vorher einfach vorhandenen
Kernes; diese Kernvermehrung geschieht in dem Eiter sehr
allgemein und lebhaft. — In ihren p h y s i k a l i s c h e n und
c h e m i s c h e n Beziehungen verhalten sich die Eiterkörperchen im Allgemeinen gleich den übrigen selbstständig gebliebenen Zellen : in W a s s e r wird der K e r n und sein
H o f a u f g e b l ä h t, der Kern erscheint alsdann zuweilen
als helles Bläschen, die staubartigen Zellentheilchen gera-
then unter Verdampfung des Wasserzusatzes in Molecular-
bewegung und treten zum Theil aus, die Hofgränze löst
sich auf, der Kern berstet. In E s s i g s ä u r e klärt sich
die Rindensubstanz und der Kern wird sehr deutlich sichtbar; in c o n c e n t r i r t e r Essigsäure verkleinert sich der
Kern und wird glänzend. In N a t r o n lauge verschwindet
Kern und Hof.

F u n d o r t e des Eiters können alle thierischen Gewebe
sein, derselbe ist entweder ohne scharfe Begränzung in
die Gewebe eingedrungen in Form der d i f f u s e n I n f i l-
t r a t i o n, oder liegt in einem begränzten Lager und bildet
die E i t e r g e s c h w u l s t, den E i t e r h e r d — abscessus.

A u s g a n g s s t e l l e n der E i t e r b i l d u n g sind t h a t-
s ä c h l i c h nur solche Gewebe und Gewebeoberflächen,
welche von Haargefäfsen durchzogen werden. Seine
Gegenwart in den gefäfslosen Geweben, Epithelien, Horngewebe wird vermittelt durch das Vordringen zu denselben
von den gefäfshaltigen Schichten und Oberflächen her, auf
welche jene sich stützen, so dafs die Epithelien dadurch
von ihrem Grundgerüste abgehoben, verdrängt werden
können und mit dem Eiter abfliefsen; — oder seine Gegenwart in den gefäfslosen Geweben entwickelt sich aus
pathologischen Massen, welche in jene aus den benach-
barten Haargefäfsen eingetreten waren und in beiden Fällen

fehlen niemals entsprechende Veränderungen des Gerüstes, woraus sich diese Deutung seiner Abstammung ergiebt.

Hiernach würde die erste Entwickelung des Eiters aus krankhaften Haargefäfsereignissen hervorgehen. Eine Entwickelungsweise der Eiterkörperchen aus Bindegewebekörperchen, Epithelien, Drüsenzellen, oder aus den Zellen irgend eines eiternden Gewebes ist bis jetzt nicht beobachtet. — Aus der grofsen Formähnlichkeit zwischen Eiterkörperchen und farblosen Blutzellen schlossen G. Zimmermann und andere Beobachter auf Identität der Eiter- und Lymphkörperchen. Nach unserer jetzigen Anschauung müfste alsdann jeder ersten Eiterbildung in dem Parenchym oder auf der Aufsenfläche von Geweben ein Gefäfsrifs vorausgehen; in der That spricht Manches dafür, dafs diefs geschieht; ich will versuchen, einige hierher gehörige Thatsachen anzuführen und mit denselben die erste Eiterbildung in Verbindung zu bringen.

Derjenige Vorgang, aus welchem Eiterbildung thatsächlich und fast ausschliefslich hervorgeht, ist der Erscheinungscomplex, welchen man „Entzündung" nennt. In jeder Entzündung besteht Störung des Haargefäfskreislaufes, mit Anhäufung des Blutes in den Haargefäfsen vor seinem Eintritte in die Venenanfänge; mit dieser Anhäufung und Stauung des Inhaltes ist mefsbare Erweiterung, gewöhnlich Sprengung einzelner Stellen der Haargefäfse und Blutaustritt aus denselben verbunden. Aus diesem Hergange leitet man die Entstehung verschiedener Neubildungen her; jedenfalls aber sind anfangs den verschiedenen „entzündlichen Bildungen" solche beigemischt, welche als Eiterkörperchen allgemein beschrieben werden; man hat diese Körper nur darum Eiterzellen genannt, weil sie in dem Eiter zuerst beobachtet worden sind und

weil sich gezeigt hat, dafs Eiter ausschliefslich aus diesen
Körpern und ihrer Absonderung wesentlich zusammengesetzt ist. — Eiterumwandlung physiologischer oder
pathologischer Zellen ist nicht beobachtet, sondern die
Eiterkörperchen sind bisher stets als fertige, und in Fortpflanzung durch Theilung begriffene Gebilde gesehen worden. Sie unterscheiden sich wie die farblosen Blutkörperchen in gröfsere und kleinere, ihr Bau ist jenen so sehr
ähnlich, dafs anzunehmen ist, es können Uebergänge,
deren optische Geringfügigkeit dieselben bis jetzt der Beobachtung entzog, bereits hinreichen, die Umwandlung
farbloser Blutkörperchen in Eiterkörperchen zu vollenden.
— Die Frage, warum nicht in jeder Entzündung bei Gegenwart von Haargefäfsrifs Eiterung eintritt, hat oben bereits
eine Berichtigung erhalten durch die thatsächliche Gegenwart von Eiterkörperchen in allen entzündlichen Bildungen.
Gegenüber dem Eintritte von Eiterung in blutlosen
Theilen bei Gegenwart fremder Körper ist zu bemerken,
dafs alsdann Folgeerscheinungen des Eindringlings bereits
stattgefunden haben, insbesondere Gefäfsverlängerung und
Erweiterung von dem gefäfstragenden Gerüste her, so dafs
jetzt Blut und Blutextravasat an den Sitz des fremden
Körpers gelangen kann. — Es darf wohl noch beispiels-
weise angeführt werden die unausbleibliche Eiterbildung
in gerissenen Wunden, deren Ränder nicht genau ver-
einigt oder geschlossen werden können, unter gewöhnlichen Bedingungen und die Eiterung in Folge von Substanzverlust.

Es ist mir hiernach wahrscheinlich, dafs die ersten
Eiterkörperchen aus einer Umwandlung farbloser Blutzellen hervorgehen. Die Eiterumwandlung besteht optisch in Veränderung der
Rindensubstanz und des Kernes der farblosen

Blutkörperchen, sie giebt sich kund durch
Mengenzunahme der kleinsten Theilchen,
welche die Rindensubstanz zusammensetzen
und durch Betriebszunahme in der Kerntheilung. Eine *Bedingung* zur Eiterbildung scheint
in dem Umsatze des *arteriellen* Blutes *in venöses
Blut* zu liegen und wird durch die Haargefäfse
in ihrer Eigenschaft als Organe *dieses* Blut-
umsatzes vermittelt.

An dem Eitergewebe sind verschiedene Umwandlungen
beobachtet, welche als Rückbildungen desselben sich darstellen : Die Fett-, die Kalk- und die Hornumwandlung
haben die Eiterkörperchen mit den übrigen thierischen
Zellen gemein, die erstere und letztere führen zu Zerfall
und Aufsaugung, die Kalkmetamorphose zur Zellenverstei-
nerung. Aufser diesen gewöhnlichen Rückbildungsformen kommt an den Eiterkörperchen die Aufblähung
mit Berstung derselben vor, wie sie künstlich durch Was-
serzusatz erzeugt wird und wie wir dieselbe beobachten
an thierischen Geweben überhaupt, welche längere Zeit
dem unmittelbaren Einflusse von Wasser oder wässerigen Salzlösungen in dem lebenden Körper ausgesetzt
sind, z. B. an der Krystalllinse durch unmittelbaren
Zutritt von Kammerwasser nach Eröffnung ihrer Kapsel.
Sehr häufig gesellt sich zu dieser Wasserreaction die Fettumwandlung.

Eine dem Eiter vorzugsweise zukommende Eigenschaft
ist die ungemein grofse Bereitwilligkeit, womit derselbe die chemische Bewegung zur Fäulnifs aufnimmt.
Bereits unter Einwirkung der atmosphärischen Luft in
ihrer gewöhnlichen Zusammensetzung zersetzt sich Eiter ;
Aus festen Körpern, Flüssigkeiten oder Gasen, welche in
Zersetzung begriffen sind, setzt sich deren Bewegung

mit ausgezeichneter Schnelligkeit in den Eiter fort und verwandelt denselben zu Jauche.

Im Zusammenhange mit diesen Umsetzungen, welche das fertige Eitergewebe nach den verschiedensten Richtungen sofort eingehen kann, steht die grofse Verschiedenheit seiner pathologischen Bedeutung für den Thierkörper, welche alle Grade von dem Mangel jedes bemerkbaren Einflusses bis zur Gefährdung und Vernichtung des Lebens umfafst. — Massenhafte Eiterbildung beeinträchtigt sofort die Blutbereitung und bedingt durch fortgesetzte Neubildung des Eiters mit beständigem Abflusse desselben Blutleere, Abzehrung, oft Wassersucht und den Tod. Es giebt Eiterbildungen, welche mit vorschreitendem Gewebezerfalle ihres Fundortes zusammentreffen, wie z. B. in jener Rose — erysipelas epidemicum und endemicum, — welche zuweilen in Hospitälern auftritt und nach Art der Einwirkung einer Luftverderbnifs — miasma — die verschiedensten Insassen gleichzeitig oder rasch nach einander befällt; — gewöhnlich geschieht alsdann primäre Eiterbildung an mehreren Stellen zugleich, besonders vielfach in dem Unterhaut- und Zwischenmuskelgewebe, so dafs die äufsere Haut unterhöhlt wird, einsinkt, verzehrt wird, brandig zerfällt und die Muskeln frei vom Eiter umspült werden. — Verschieden von dieser vielfachen *primären* Eiterbildung ist die *secundäre* Eitergeschwulst, deren Bildung auf Abständen aus einem bereits anderswo im Organismus bestehenden Eiterherde abgeleitet wird und von hier aus plötzlich in den verschiedensten Körpergegenden sich vielfach oder einzeln entwickelt. Dieser Zustand tritt gewöhnlich mit heftigem Schüttelfrost ein; man nimmt an, dafs derselbe durch Vergiftung — infectio — des Blutes mit zersetztem Eiter eingeleitet werde und nennt ihn Eiterblut —

pyaemia, — es ist ferner angenommen, dafs bereits eine
geringe Menge zersetzten Eiters in dem kreisenden
Blute tödtlich wirken könne. In der Regel bilden sich
hier Blutpfröpfe, welche dann durch Einkeilung in
einem Gefäfsraume die Erscheinungen der „Embolie"
(Virchow) hervorrufen; — das Centrum dieser Keile
ist sofort eiterhaltig, sie vermehren somit die Ausgangspunkte der Eiterbildung und Vergiftung, sowie die Zahl
der secundären Eiterherde. Diese Massen werden entweder in dem Gefäfsraume an einer bestimmten Stelle
eingekeilt gefunden, oder sie liegen in dem Parenchym
eines Gewebes nach ihrem Austritte aus dem Gefäfs durch
Haargefäfsrifs — apoplexia capillaris. — In diesem Sinne
nennt man dieselben Eiterablagerungen — depots puru-
lents, — in dem Sinne ihrer Wanderung in dem Kreislaufe liegt die Bezeichnung derselben als Secundär-
abscesse und Metastasen.

Tuberkel.   Es giebt eine pathologische Bildung aus Kernen,
welche frei, ohne Hof, Rindensubstanz oder Zellenmembran
zusammen liegen, deren Gruppirungen dem unbewaffneten
Auge in Form von Bläschen oder Knötchen — tubercula —
erscheint und defshalb Tuberkelbildung — tuberculosis
— genannt worden ist. Diese Knötchen und Bläschen
sind blafsgrau oder blafsgelb und haben feine Ausläufer (Rokitansky I, 395—396) nach verschiedenen
Richtungen; sie erscheinen meist in grofser Anzahl und
messen gewöhnlich ¼‴—2‴ im Durchmesser. Die Knötchen
oder Tuberkel bestehen vorzugsweise aus Kernen
und Grundmasse : die Kerne sind klein, glänzend,
mit gleichförmigem oder feinkörnigem Inhalte,
einzelne Kerne sind in Theilung begriffen und haben an
jeder Theilhälfte ein Kernkörperchen, andere zeigen ohne
Einschnürung zwei oder mehr Kernkörperchen; die gröfsere

Anzahl derselben dagegen ist rund und besitzt nur ein Kernkörperchen. Das Kernkörperchen ist immer sehr scharf umrissen und giebt meist einen blaſsrothen Lichtreflex. — Die Grundmasse ist klar gleichförmig oder trüb, sie kommt in verschiedenen Mengenverhältnissen vor und besitzt verschiedene Aggregatstufen vom flüssigen zum festen Zustande; ihr chemischer Bau ergiebt dieselbe als eiweiſsartige Masse, welche in Essigsäure aufgebläht wird und dann verschwindet. Höchst selten bildet die Grundmasse um Einzelkerne einen Sonderanflug, eine dichtere Hofrinde, so daſs alsdann Zellenbildung in dem Kernhaufen des Tuberkels erscheint. — In der Untersuchung frisch und rasch gebildeter Knötchen und Bläschen findet man zugleich längliche platte Zellen in Spindelform, deren Beschaffenheit mit derjenigen des Gefäſsepithels vollkommen übereinstimmt; insbesondere finden sich in frisch und allgemein in verschiedenen Organen gleichzeitig entstandenen Tuberkeln den oben aufgeführten Bestandtheilen spindelförmige Körper beigemischt, deren Kern in einem seitlichen Vorsprunge oder in dem angeschwollenen und gekrümmten *End*stücke der Zelle oder Rindensubstanz liegt. Ich fand diese Körper in Lymphdrüsen-, Lungen-, Milztuberkeln, sie werden als Lymphgefäſs- und Venenepithel gedeutet. — Dagegen ist die Anwesenheit von Eiter und Blutkörperchen unter den Tuberkelbestandtheilen als Folge einer pathologischen Verbindung verschiedener Hergänge zu betrachten; — sie beruht auf Verbindung der Tuberkelbildung mit „Entzündung" und Gefäſseröffnung.

Virchow erklärt die *Entwickelung* der Tuberkelbestandtheile aus endogenen Zellenproductionen in Folge von Umwandlung normaler Zellen in pathologische Mutterzellen mit 2, 4, 8 Kernen, auf diese Weise könnte Tuberkelbildung z. B. aus Drüsen-, Epithel-, Bindegewebezellen hervorgehen. — R o k i t a n s k y (path. Anat. 1846, I, 412) sagt : „Sitz des Tuberkels ist jeder Punkt irgend eines Gewebes aufserhalb der Gefäfse; wo es ein Capillargefäfssystem giebt, dort ist eine Ausscheidung von Tuberkel möglich". Dagegen fand derselbe Tuberkelmasse in dem Haargefäfsraume selbst nur selten. — In den *Lymphgefäfsen* haben Andral (anat. p. I, 419), Breschet (Lymphsyst. von Martiny 181), Cruveilhier, Eckhard (mündl. Mitth.) u. A. Tuberkelpunkte und grofse Tuberkelstrecken bis zur starren· Füllung des Lymphgefäfs*systems* mit Tuberkeln gefunden.

Es ist Thatsache, dafs *Tuberkel*bildung in Lymph- und Chylusräumen statt findet, welche als Anfangs- und Umwandlungsorgane für Lymphbereitung betrachtet werden und mit den Lymphgefäfsen anatomisch zusammenhängen oder in solche übergehen; es gehören hierher die Malpighischen Milzkörper, die Peyer'schen Dünndarmdrüsen, die Follikularräume aller Lymphdrüsen. Es ist ferner Thatsache, dafs Tuberkelbildung vorzugsweise auftritt in Organen, welche Vorrichtungen darstellen, worin die zuführenden Venen nach Art der Arterien sich verzweigen, so dafs Venenstämme in Haargefäfse übergehen; hierher gehören die Leber, die Lungen. Gleichermafsen tritt Tuberkelbildung häufig auf in Organen mit grofsen Venenbluträumen, welche in *kleinere* Venen sich ergiefsen; wir finden diese Anordnung z. B. in Milz und Hirn. In diesen Einrichtungen ist ein besonderer Umsatz des *Venen*blutes zum Theil bereits nachgewiesen, zum Theil angedeutet. In den Lungen athmet das Venenblut der Lungenarterie;

— die Milzbluträume enthalten die rothe Pulpe aus
rothen und farblosen Blutkörperchen, welche hier dem
Venenblute zugeführt werden durch Gefäfse, die von
jenen Bluträumen ausgehen; — in der Leber ist das
Pfortaderblut die Quelle der Zuckerbereitung;
— das äufserst dichte Gefäfsnetz der pia mater ist für
Hirn und Mark bestimmt und deutet wie die grofsen
Hirnblutbehälter auf reichlichen und besonderen
Blutumsatz.

Sowohl der Tuberkelsitz in Chylus- und
Lymphräumen, wie das ausgezeichnete Auftreten der Tuberkelbildung in Organen, worin vor-
schlagend beträchtlicher und zugleich eigenthümlicher
Blutumsatz stattfindet, bringen Tuberkelentwicke-
lung in Zusammenhang mit der Blutbildung
insofern diese sowohl durch Aufnahme des Speise-
saftes wie durch Aufsaugung des Gewebesaftes
ihr Material bezieht. Die Zufuhr neuen Blutbildungs-
materials aus der Verdauung der Speisen geschieht auf
dem Wege der Chylus- und Lymphgefäfse, welche
am Dünndarme wurzeln, die Rückkehr des Gewebesaftes aus dem intermediären Kreislaufe wird durch den
venösen Theil der Blutcapillare und durch die Lymph-
gefäfswurzeln in allen gefäfshaltigen Geweben vermittelt, diese feinsten Anfänge der Lymphgefäfse sind
Bindegeweberäume mit einer homogenen Begränzungslinie,
so dafs dieselben ausgeschält werden können; sie bilden
Netze, aus welchen die Lymphcapillare hervorgehen.

Hiernach erscheint Sitz und Entstehung des
Tuberkels als pathologische Kernbildung und
Anhäufung in den Lymphräumen der Gewebe.

Die Tuberkelbildung geht meist unmerklich aus
dem Acte der Ernährung hervor, andere Male ist dieselbe

von Erscheinungen in dem Haargefäfskreislaufe begleitet,
welche die Anatomie der „Entzündung" mit ihren Ausgängen und Folgen zusammensetzen. Aus der tuberkulösen Entzündung geht die pathologische Bildung
von Kernhaufen neben massenhafter anderwei-
ter Zellenneubildung im Allgemeinen hervor;
dieselbe bewirkt vorzugsweise *diffuse* Tuberkelinfiltra-
tion der Gewebe. Man unterscheidet nach diesen
verschiedenen Auftrittsweisen die spontane und die
entzündliche Tuberkulose; beide Weisen können
übrigens in demselben Kranken vorkommen. — Die Tuberkeln erscheinen öfters gleichzeitig zahlreich in
einem ausgedehnten Bezirke, oder allgemein in verschiedenen Organen, andere Male vergröfsern dieselben ihre
Zahl und ihren Verbreitungsbezirk nach und nach stetig,
oder in längeren Zeitabschnitten. In Bezug auf diese verschiedene *Zeit*folge des Auftretens und der Be-
zirksausdehnung hat man die acute und die allgemeine neben der chronischen und der beschränkten Tuberkulose unterschieden. Auch die Gröfse
und Zahl der einzelnen Knötchen ist verschieden und
man bezeichnet defshalb zur Unterscheidung das Vorhanden-
sein vieler kleinen Tuberkeln als Miliartuberkulose.

Sowohl die spontane, wie die entzündliche
Tuberkulose können beide mit Fieber beginnen und
binnen 1—3 Monaten acut verlaufen. Zur Unterscheidung hat man für diesen Fall die entzündliche Tuberkulose „gallopirende Schwindsucht" genannt und die
spontane als acute, allgemeine Miliartuberkulose bezeichnet. Die gallopirende Schwindsucht
besteht in der Entwickelung von zahlreichen kleinen Tu-
berkeleiterherden, welche unmittelbar aus der tuberkulösen Entzündung hervorgehen und gewöhnlich ein

Organ, z. B. die Lungen, in seiner ganzen Ausdehnung einzeln auf geringe Abstände besetzen. Diese Form kann in einem vorher gesunden Organe und Individuum plötzlich auftreten, oder sich zu bereits vorhandener chronischer Tuberkulose gesellen. — *Verschieden* hiervon ist die acute, allgemeine Miliartuberkulose. In dieser entwickeln sich nicht Eiterherde; dieselbe besteht in der spontanen Bildung zahlloser, kleiner, blafsgrauer Tuberkel — tubercula miliaria, — welche in fast allen Eingeweiden zugleich sich vorfinden, in Lungen, Milz, Leber, pia mater, serösen Häuten, Nieren; hierbei besteht fast immer acuter Wasserergufs in dem Hirn und seinen Kammern. Die acute allgemeine Miliartuberkulose tritt in vorher gesunden jugendlichen Personen, besonders 1—2jährigen Kindern auf und verläuft unter Typhoïderscheinungen mit unregelmäfsigen, falschen Wechselfieberanfällen. Nach 1—3 Monaten Bestand endet dieselbe stets tödtlich, während ihre Tuberkel das frische Aussehen behalten haben und weder die Tuberkel noch ihr Lager anderweite Umwandlungen eingegangen waren.

Im Allgemeinen kann man die Todesursache in den Tuberkulosen auf krankhafte Blutbildung mit Verminderung der Blutmenge, s. g. tuberkulose Blutleere, und auf die Zerstörung oder Funktionsaufhebung wichtiger Organe zurückführen.

Für das erste Auftreten der spontanen Tuberkulose giebt es eine Häufigkeitsreihe, in welche sich die verschiedenen Organe ordnen lassen, so dafs in abnehmenden Häufigkeitsgraden Lungen, Darmschleimhaut und Kehlkopf, Drüsensystem mit Einschlufs der Peyer'schen Drüsen und der Milz, Harn- und Geschlechtsapparat nach einander folgen. — Von diesen ersten Lagerplätzen aus verbreitet sich Tuberkulose auf der Lymphgefäfsbahn

in diejenigen Lymphdrüsen, welche mit dem jedes-
maligen ersten Lagerplatze zunächst verbunden sind, z. B.
aus den Lungen in die Bronchialdrüsen, aus dem Darme
in die Gekrösdrösen, aus dem Hoden in die Lendendrüsen.
    Für das erste Auftreten der tuberkulosen Entzün-
dungen und ihre Verbreitung bemerkt A. Förster
(path. Anat. I, 317) : „sie treten primär nur in den Knochen und in den Lymphdrüsen des Halses und Rumpfes
auf, secundär in Lungen, Nieren, den Schleimhäuten, insbesondere des Harn- und Geschlechtsapparates und dem
Zellgewebe".
    Die Eigenschaften der Bestandtheile des
Tuberkels sind sehr leicht beweglich; in ihrem
anatomischen, wie physikalischen und chemischen Baue zeigen sich die gewöhnlichen Umwandlungen der organischen Gebilde, insbesondere die Verhornung und der Zerfall, welcher letztere sich
gewöhnlich in die Gewebe des Lagerorganes fortsetzt und oft mit Kalk- und Fettmetamorphose
sich verbindet.
    In der Verhornung verliert die Grundmasse
ihre graue Färbung und durchscheinende Beschaffenheit,
sie wird blafsgelb, geht aus dem flüssigen in den halbflüssigen und festen Aggregatzustand über, gleichzeitig
werden die Kerne solid, verkleinert, unregelmäfsig
geformt, eckig; auch die Zellen in dem Tuberkelbaue
erscheinen jetzt als solide Körper von unregelmäfsiger
Gestalt, Hof und Kern bilden zusammen eine dichte Masse,
welche die Lebert'schen Tuberkelkörperchen darstellt und in Essigsäure vollkommen verschwindet.
    In dieser Verhornungsstufe können die Tuber-
kel *verharren* oder durch *Nekrose* absterben und *zer-*
fallen. Die Tuberkeln bilden alsdann eine weifse, weiche,

bröckelige Masse, welche als „käseartige" Masse bekannt
ist und die s. g. Tuberkelerweichung darstellt; dieselbe erscheint als feinkörniger Gewebezerfall, welcher aus sehr kleinen Eiweifstheilchen besteht. Dieser
Hergang beginnt in dem Centrum der Knoten,
verbreitet sich zu deren Peripherie und setzt
sich gewöhnlich von hier aus fort in das Gewebe des Lagerorganes für die Tuberkel; insbesondere sieht man denselben an den Haargefäfsen und
dem Bindegewebe, welches diese trägt; — es bildet sich
aus der Lagerstätte ein Herd, ein Hohlraum —
caverna — mit blafsgelbem, oder weifsem weichen Inhalte,
welcher aus dem feinkörnigen Tuberkelzerfalle und aus
Gewebetrümmern des Lagerorganes besteht. Diese Nekrose
kann auf verschiedenen Punkten und in verschiedener
Ausdehnung sich entwickeln, so dafs dadurch umfangreiche
Gewebezerstörungen bewirkt werden. Aus diesem Sub-
stanzverluste gehen nun die Bedingungen zu Blutung,
Entzündung, Eiterung des Tuberkellagers hervor.

In den durch Gewebenekrose des Organes
entstandenen Höhlen oder Cavernen liegen Blut- und
Eiterkörperchen dem Tuberkelzerfalle und den Gewebetrümmern des Lagerorganes zugemischt; die Stelle
wird zu einem Hohlgeschwüre umgewandelt. Diese
Eiterherde sind in dieser Weise durch Tuberkelzerfall eingeleitet, sie werden defshalb als mittelbare
oder consecutive unterschieden von denjenigen Tuber-
keleiterherden, welche unmittelbar oder primär,
gleichzeitig mit Tuberkelbildung, aus der „tuberkulösen
Entzündung" hervorgehen; die consecutiven Tuberkeleiter-
herde sind übrigens in ihren Ausgängen oft nicht von
primären zu unterscheiden.

Der *Tuberkelzerfall* kann aufserdem die **F e t t u m w a n d -
l u n g**, oder die **V e r k a l k u n g**, oder die **A t h e r o m b i l -
d u n g** eingehen, derselbe erhält darnach ein verschiedenes
Gepräge. Am häufigsten unter diesen letzteren Metamorphosen verbindet sich die **F e t t k a l k u m w a n d l u n g** —
atheroma — mit dem Tuberkelzerfalle : der in Fett umgewandelte Antheil des Knotens wird aufgesaugt, so dafs
nur *Kalksteinchen* sitzen bleiben, umgeben von dem **v e r -
ö d e t e n** verhornten Gewebe des Lagerorganes. — Die
F e t t u m w a n d l u n g setzt den Tuberkel in die anatomische Bedingung zur pathologischen Aufsaugung. In
gleichem Mafse, in welchem der Knoten unter diesem Einflusse schwindet, sinkt das den Knoten umgebende ver-
hornte Organgewebe ein und bildet hierdurch die s. g.
T u b e r k e l n a r b e.

Als **M i t g l i e d e r** der Gewebegruppe aus **s e l b s t -
s t ä n d i g g e b l i e b e n e n Z e l l e n** sind aufser Blut und
Lymphe mit ihren pathologischen Abkömmlingen, dem Eiter
und Tuberkel, noch folgende Gewebe hierher zu rechnen :

Epithelien.   2) Die **E p i t h e l i e n.** Hier sind die Zellen zu hautartigen Lagen an einander gereihet und decken freie
Körperflächen ; sie sind entweder **w e i c h e**, kernhaltige,
b l ä s c h e n a r t i g e Formen und bilden eine Hautdecke,
welche **E p i t h e l i u m** genannt wird ; oder sie sind **h a r t**
und **s o l i d** geworden und heifsen **E p i d e r m i s.** Diese
Zellendecken sind entweder aus einfacher oder aus mehr-
facher Lage zusammengesetzt, man unterscheidet hiernach
e i n f a c h e s u n d g e s c h i c h t e t e s Epithel. Die Zellen
ändern ihre Gestalt in verschiedenen Gegenden von rund
zu eckig oder zur Kegelform, wonach ihre Hautlagen
P l a t t e n - oder **C y l i n d e r e p i t h e l** genannt werden ; sie
sind an manchen Orten in Flimmerstäbe und Flimmerhäut-
chen ausgewachsen und bilden dann das **F l i m m e r e p i t h e l,**

oder sie wachsen in unbewegliche Stacheln aus, wie in
der Schnecke der Säuger (Leydig). Uebrigens bemerkt
man stellenweise verschiedene Zellenformen unter die
herrschende Gestalt gemischt. Rindensubstanz, oder
Zelleninhalt besteht bald aus indifferenten Theilchen, bald aus Fett, oder aus Farbstoff, selten birgt sich
darin eine specifische Absonderungsmasse. Nach Leydig
entwickeln in bestimmten Epithellagen einzelne Zellen
einen besonderen Inhalt und weichen hierdurch wie durch
vergröfserte Gestalt von ihren Nachbarzellen beträchtlich
ab. Dahin gehören die Leydig'schen Schleimzellen,
welche zwischen die gewohnten Epidermiszellen mancher
Fische und Amphibien eingereihet sind. Aufserdem finden
sich „keulenförmig angeschwollene Zellen mit dunkelkör-
nigem Inhalte" in Abständen zwischen den gewöhnlichen
Cylinderzellen auf der Schleimhaut des Respirations- und
Verdauungskanals aller Wirbelthiere u. s. w.

An dem freien Rande der Epithelien, insbesondere Cuticularbildungen.
der Cylinder- und Flimmerepithelien, bemerkt man häufig
eine Glasschicht, welche durch die Aneinanderlagerung
der Zellen eine homogene, hautartige Lage bildet und
defshalb cuticula genannt wird; sie erscheint als Abscheidung aus den Epithelien und kann der Chitinhaut
der Insekten ähnlich werden.

Pathologische Epithelien.

Die pathologisch neugebildeten Epithelien
gehen aus den physiologisch vorhandenen hervor und
wiederholen deren Bauformen. Wir finden die Epithelien
auch hier als weiche, kernhaltige, bläschenartige Gebilde,
und solid geworden als Schüppchen; fast immer sind sie
dagegen unregelmäfsig aneinander gereiht und aufge-
häuft, so dafs die normalen Schichtlagen zwar angedeutet

sind, aber ihre Mächtigkeit entweder überschritten, oder nicht erreicht ist und ungleichförmig vertheilt wird, so dafs z. B. platte Zellenlagen kuppelartig über einander geschichtet sind und einen Zapfen bilden, welchen ein Mantel mit concentrischen Schichten aus senkrecht stehendem Cylinderepithel umschliefst.

Die pathologischen Epithelien behalten wesentlich die Gestalt der physiologischen ihres Mutterbodens im Allgemeinen. Nach Meifsner sind indefs die Baum'schen Ohrpolypen von Flimmerepithel besetzt.

Ihre Rindensubstanz oder der Zelleninhalt besteht wie an den physiologischen Epithelien bald aus indifferenten Körnchen, bald aus Fett, bald aus Farbstoff; namentlich finden wir Fett als directes Product der Zellenmetamorphose in den Epithelien bei manchen Formen von Rückenmarkslähmungen mit Krampf — paralysis agitans —, ferner in den Virchow'schen „Markräumen" der Hauthörner; pathologischer Farbstoffgehalt der Epithelien findet sich z. B. in den braunen Muttermälern, den Sommersprossen, in dem Addissonschen Uebel, in einigen Hautmelanosen, in der Fischschuppenkrankheit; — Verhornung ist eine häufige Erscheinung von Druckatrophie der Epithelien.

Pathologische Cuticularbildungen. Die Absonderung der Intercellularsubstanz aus den pathologischen Epithelien ist meist beträchtlicher, als die Abscheidung aus den physiologischen. — Ob pathologische Cuticularabscheidungen bestehen, ist nicht entschieden; indefs dürften die Untersuchungen Gluge's (Abh. f. Physiol. u. Pathol., 1841, 38), v. Bärensprung's (Beitr. z. Anat. u. Path. d. m. Haut, 1848, 6) an Fischschuppenkrankheit — ichthyosis — hierhergehöriges Material enthalten. Gluge fand, dafs die Zellenschichten mit sehr regelmäfsigen Schichtlagen einer „formlosen Masse"

abwechseln. Marchand erhielt in dem durch v. Bärensprung mitgetheilten Falle (S. 33) aus der Aschen-
analyse der Schuppen: phosphorsauren Kalk, Eisen
und eine beträchtliche Menge Kieselsäure; hierzu
bemerkt v. Bärensprung, wie aufser der Anwesenheit
von Kieselsäure eine Zunahme der unorganischen
Bestandtheile auffallen müsse, welche hier 15 pC., dagegen
in der normalen Epidermis 1—1½ pC. betragen. Diese
Analysen sprechen wohl dafür, dafs hier eine pathologische Cuticularbildung vorliegt, welche chitinisirt.

3) Drüsenzellen. Die verschiedenen Drüsen- Drüsen-
zellen.
räume sind mit Zellen ausgekleidet und ange-
füllt; diese Zellen stehen in unmittelbarem Zusammenhange mit den Epithelien der Häute, deren Einstülpungen
die Drüsenräume bilden und sind wie diese rundlich oder
cylindrisch; sie flimmern selten. Wimpernde Drüsenzellen kommen vor (Leydig) in den Uterindrüsen des
Schweines, in den Nierenkelchen der Fische und Reptilien,
in der Leber von Cyclas und in den Zungendrüsen des
Triton igneus.

Die in Drüsenräumen befindlichen Zellen vermögen Drüsen-
cuticula.
wie die freien Epithelien gleichförmige Massen abzu-
scheiden, welche in ihrem Zusammenhange zu hautartigen Lagen erhärten und Cuticularbildungen
genannt werden. Die cuticula der Drüsen bei Wir-
bellosen erlangt nicht selten durch Chitinisiren eine beträchtliche Härte. Leydig zählt die Hornlage im
Muskelmagen der Vögel als in Lagen erhärtetes
Drüsensekret hierher.

Pathologische Drüsenzellen.

Sowohl neugebildete, wie pathologisch abgeän-
derte physiologische Räume sind von pathologischen

Epithel- und Drüsenzellen ausgekleidet und zum Theil
auch angefüllt. Es enthalten z. B. die Krystall- oder
Schweifsfrieselbläschen die Bestandtheile der Schweisdrü-
sengänge und ihres Sekrets. Der Inhalt der Mitesser ist
wesentlich aus den Bestandtheilen der Haartalgdrüsen zusammengesetzt, wiewohl in manchen Formen die Balg-
milbe (Simon) schmarotzt. — Die Grundmasse oder
Intercellularsubstanz ist im Allgemeinen entweder abnorm
eingedickt und spärlich, oder übermäfsig reichlich abge-
schieden, so dafs der pathologische Drüsenraum und be-
ziehungsweise der neugebildete Hohlraum einen Balg von
verschiedenem Umfange und verschiedener Dichtigkeit bis
zu dem s. g. hygroma oder Wasserbalg darstellt.

Die pathologischen Drüsenzellen besitzen die
Gestalt der betreffenden normalen, werden aber in der
Regel bald dadurch unkenntlich, dafs dieselben die
verschiedenen pathologischen Umwandlungen eingehen, welche wir oben als allgemeine Formen der Zellenrückbildung kennen gelernt haben; dieselben werden solid
durch Verhornung und zerfallen in kleinste Theilchen
durch Nekrose, oder sie füllen sich mit Fett, lösen sich
auf und verschwinden durch pathologische Aufsaugung, oder
es bildet sich gröfstentheils Cholestearin, welches in Form
von tafelförmigen Krystallen die Hauptmasse darstellt und
die Bezeichnung Cholesteatombalg (J. Müller) veranlafst
hat; die Cholestearintafeln liegen in den verschiedensten
Richtungen. Andere Male hat zum Theil Kalkumwandlung
an den pathologischen Drüsenzellen statt gefunden, welche
durch kleine unregelmäfsige fühlbare Steinchen sich kund
giebt; sehr oft findet sich die Verbindung der Fett- und
Kalkmetamorphose, die atheromatöse, oder Kalkbreient-
artung; häufig ist die Gallert- oder Colloïdmetamorphose
namentlich an manchen Körpergegenden und in gewissen

Landstrichen, z. B. an der Schilddrüse in manchen Schwei-
zerthälern und Cretinengegenden. — Diese Gallertmetamorphose findet sich ferner häufig an den Zellen, welche
die Graaf'schen Follikel auskleiden.

4) Das Horngewebe. Unter allen Geweben aus Hornge-
webe.
selbstständig gebliebenen Zellen zeichnen sich in dem
Horngewebe die Zellen durch den höchsten Grad der
Härte und Abplattung aus. Hierher werden gerechnet die
Haare und Nägel des Menschen, die Federn, Klauen,
Hufe und viele andere feste Horngebilde der Thiere.

Pathologisches Horngewebe.

Den normal sehr hohen Grad der Härte und Abplattung übersteigen die Zellen pathologisch :
die vermehrte Abplattung der Zellen zeigt sich durch
Solidwerden, die höheren Härtegrade geben sich
durch gleichzeitig vermehrte Sprödigkeit der daraus
zusammengesetzten Gebilde kund, so dafs Haare und Nägel
leicht zerbrechen und sich längsspalten.

Ein Zurückgehen von dem normalen Höhegrad
dieser Eigenschaften zeigt sich durch fettigen Zerfall
der Horngewebezellen, so dafs z. B. die Haarwurzeln in
der Wimperflechte sich in einen widerstandlosen Pigment-
brei aufblähen.

5) Die Krystalllinse. Huschke hat zuerst die Krystall-
linse.
Entstehung der Linse in einer Einstülpung der primitiven
Augenblase erkannt. Remak zeigte, dafs die Linse ein
umgewandeltes Epidermisstück ist, wobei jede Zelle
zu einer Röhre auswächst.

Pathologische Krystalllinse.

Die Linse geht alle uns bekannten pathologischen Umwandlungen der thierischen Zellen ein; es

beruht auf dieser pathologischen Fähigkeit der Linsen-
zellen die Entwickelung der verschiedenen Formen und
Stufen ihrer *Trübung*, welche den Namen *grauer* Staar
— cataracta — erhalten hat. — Eiter bildet sich, oder
pflanzt sich fort in der Krystalllinse nur dann, wenn Blut-
oder Eiterkörperchen aus gefäfshaltigen Nachbarhüllen
unter der Bedingung von Entzündung der letzteren in
das Gewebe der Krystalllinse eingetreten waren.

Dritter Abschnitt.

Die Gewebe der Bindesubstanz.

Die Gewebe der Bindesubstanz des Menschen und der Thiere stellen eine Reihe von Bildungen dar, deren kleinste Theilchen in Abständen von verschiedener Gröfse liegen, so dafs hierdurch physikalisch verschiebbare wie unabänderliche Arten der Raumerfüllung, Körper von halbflüssigen bis festen Aggregatzuständen hervorgehen. In diesen verschiedenen Graden der Cohäsion bildet die Bindesubstanz das *stützende* Gewebe des Körpers und einzelner Körperglieder. Die Bindesubstanz besteht in fast allen ihren Formen aus Zellen und gleichförmiger Zwischenmasse in verschiedenem Mengenverhältnisse, so dafs beide an der Zusammensetzung gleichen Antheil haben, oder einseitig überwiegen; in einzelnen ausgebildeten Bauformen aus Bindesubstanz sind die Zellen aus dem Embryoleben nur noch andeutungsweise vorhanden, oder völlig verschwunden.

Die Zellenform, wie ihr Inhalt oder die Rindensubstanz zeigen manche Verschiedenheit. Die Zellen der Bindesubstanz wechseln von der Kugelgestalt in mannigfachen Uebergangsformen zum einfachen Strahlenbau, welcher sich dann weiter in Netzen verästelt, —

oder sie wachsen zu langgestrecktem Kanalbau aus, dessen einzelne feine Röhrchen sich unter einander durch Ausläufer verbinden. — Der Zelleninhalt zeigt sich bald indifferent, bald besteht derselbe aus Fett, Pigment u. s. w. — Die Zwischenmasse enthält bald Gallerte, Schleim oder Cellulose, bald Leimarten, bald Kalksalze.

Alle Gewebe der Bindesubstanz können sich in einander fortsetzen und stellvertretend für einander eintreten. Man unterscheidet das Gallertgewebe, das gewöhnliche Bindegewebe, das Knorpel- und das Knochengewebe als Arten der Bindesubstanz.

Die pathologischen Gewebe der Bindesubstanz.

Allgemeine Eigenschaften. Die verschiedenen Eigenschaften, Arten und Formen der normalen Bindesubstanz finden wir wieder an der pathologischen, neugebildeten Bindesubstanz, insbesondere giebt sich auch hier der allgemeine wichtige Character derselben kund, wonach die einzelnen hierher zählenden Gewebe die Fähigkeit der *wechselseitigen* Umbildung und Stellvertretung besitzen; so dafs z. B. pathologisches Bindegewebe in Knochengewebe sich umsetzen, oder für Knochengewebe stellvertretend fungiren kann; aber auch umgekehrt pathologisches Knochengewebe zu Bindegewebe zurückkehrt.

Besondere Eigenschaften. Beginnen wir nun eine vergleichende Untersuchung der einzelnen zur Bindesubstanz gerechneten Gewebe in ihrem normalen und pathologischen Verhalten.

1) Das Gallertgewebe. In ausgedehnter Verbreitung findet sich das Gallertgewebe bei allen Wirbelthierembryonen als subcutanes Gewebe, als Wharton'sche Sulze u. s. w. Dasselbe ist von Kölliker (Ztschr. f. w. Zool. I.) mit dem Namen „netzförmiges Bindegewebe" belegt; Virchow (Würzb. Verh. II.) fand darin als Hauptbestandtheil den gallertig-flüssigen Schleimstoff von Scherer und führt die Sulze als „Schleimgewebe" auf; — Scherer untersuchte die nach dem Ausdrücken der Sulze zurückbleibende feste Substanz des Nabelstrangs; dieselbe löste sich durch längeres Kochen nicht auf und lieferte nicht Leim. — Auch in dem erwachsenen Körper der Menschen und Thiere kommt das Gallertgewebe vor : Leydig zählt hierher den Glaskörper aller Wirbelthiere, die weiche Füllmasse in dem sinus rhomboïdalis des Vogelrückenmarkes; „in bedeutenderer Anhäufung treffen wir das Gallertgewebe bei vielen Fischen unter der äußeren Haut an und in den wirklichen und pseudoelectrischen Organen, sowie in der Umgebung der sogenannten Schleimkanäle."

Gewöhnlich sind die Zellen strahlig ausgewachsen und bilden durch Verbindung ihrer Ausläufer Netze, in deren Maschenräumen eine sulzige Zwischensubstanz liegt. Die Sulze ist durchsichtig, farblos, oder blaßgelb und blaßroth, sie liefert durch Kochen Eiweiß und eine schleimähnliche Masse; nach Schultze giebt sie weder Schleim noch Leim, nach Schacht Cellulose. Es ist hiernach wahrscheinlich, daß der chemische Bau dieses Gewebes in verschiedenen Umwandlungen sich bewegt. — In den Knotenpunkten des Zellennetzes ist öfters der Kern sichtbar, andere Male sind nur Zellenreste vorhanden, oder es findet sich nur noch die Zwischenmasse, wie z. B. in dem fertigen Glaskörper. Diese That-

4 *

sache weist darauf hin, dafs sowohl jene Eiweifs- wie
Schleim - und Celluloselieferung und die unbestimmten
chemischen Reactionen des Gallertgewebes mit anatomischen Bau- und Entwicklungsverschiedenheiten zusammentreffen.

Das pathologische Gallertgewebe.

Unter ungewöhnlichen Bedingungen kommt ein
Gewebe vor, welches in seinem physikalischen, chemischen
und anatomischen Baue übereinstimmt mit dem norma-
len Gallertgewebe und denselben Wechsel seiner
Eigenschaften darbietet. Dieses Gewebe findet sich sowohl als pathologische Umwandlung physiologischer Zellen
wie krankhaft neugebildet. Für die erstere Bildungsweise hat dasselbe die Namen Colloïd, speckige
Entartung (Rokitansky), Cellulose (Virchow),
Eiweifsumwandlung (Schrant) erhalten; als krankhafte Neubildung dürfte hierher zählen die innere
Meliceris (Andral), die Knotenanschwellung des
Nervensystemes, das Sarkom (J. Müller), der
Gallertkrebs (Otto-Cruveilhier). — Es ist unge-
wifs, ob diese verschiedenen Bezeichnungen wirklich ge-
trennten Gewebearten zustehen, oder ob dieselben nur
verschiedenen Entwickelungstufen eines einzigen Gewebes
entsprechen; unsere Kenntnifs von dem normalen Gallertgewebe macht den letzteren Bestand einer Formenreihe wahrscheinlich und in diesem Sinne wollen wir
hier versuchen, jene Bezeichnungen unter dem pathologischen Gallertgewebe zusammenzufassen und
aufzuführen.

Das pathologische Gallertgewebe ist blafsgelb,
goldgelb, braun in verschiedenen Abstufungen, oder farblos und bildet eine der Leim- oder Gummilösung ähnliche

klebrige Masse in flüssigem, oder halbflüssigem Aggregatzustande bis zur dichteren Gallertconsistenz. — Seine
anatomischen Bestandtheile sind freie Kerne, Hofkerne
und ein sulziger Stoff in verschiedenen Mengen- und
Formverhältnissen; die Sulzmasse wiegt meist vor und
ist zuweilen so massenhaft entwickelt, dafs dieselbe allein
übrig geblieben ist und somit die pathologische Neubildung
ohne geformte Bestandtheile erscheint.

Eine häufige Bauform der pathologischen Gallertmasse besteht aus einzelnen Kugeln, oder rundlichen
Ballen, s. g. Colloïdkörpern, in welchen zum Theil
mehrere Kerne in Bläschenform von normaler Gröfse,
oder aufgeblähte Kerne, oder solide verkleinerte
Kerne sitzen, andere dieser Kugeln sind kernlos. Einzelne dieser Ballen stellen Körper von gröfserem Umfange
und verschiedener unregelmäfsiger Form dar, indem dieselben in einander geflossen zu sein scheinen.

Colloïd. — Cellulose. Meliceris interna. Ei- weifsmeta- morphose.

Der Hergang dieser Form der Gallertumwand-
lung physiologischer Gewebe besteht darin, dafs die
Rindensubstanz, der Zelleninhalt oft bis zu dem acht-
fachen früheren Umfange sich vergröfsert, hierbei wird
die Substanz auffallend klar, etwa normal vorhandene
Körnchen werden in die äufsere Gränzlinie hinausgerückt,
bilden dort vorerst einen dunkelen Rand und verschwinden allmählich. Der Kern betheiligt sich entweder an
diesem Hergange durch Aufblähung zu einer hellen Blase,
oder derselbe verändert seine Gestalt nicht. — In diesem
Zustande verbleiben dann die Massen in unbestimmter Zeit,
oder sie verschmelzen bald untereinander, werden durch
Fettmetamorphose aufsaugbar, oder sie verkalken.

Es ist diefs die Bauweise der pathologischen
Gallerte, wie wir dieselbe in dem Inneren der
Schilddrüsenblasen des Menschen, mancher Fische,

Amphibien und Vögel finden. Die Gegenwart von Colloïdkugeln ist hier so gewöhnlich, dafs vielleicht nur
diejenigen Fälle als pathologisch zu bezeichnen sein dürften, in welchen die Follicularräume der Menschenschild-
drüse ohne Epithelauskleidung sich finden, dagegen durch
grofse Gallertmassen überfüllt, zu gröfseren Hohlräumen
ausgedehnt, oder bereits zu Balgräumen, Cysten zusammengeflossen und entartet sind. In derselben Weise kommen
Gallertmassen in dem Eierstocke neben flüssiger Beschaffenheit derselben vor, ferner in bindegewebigen
Hüllen, oder Bälgen der Leber, der Niere, des Bauch-
felles u. s. w.

Die Gallertmasse besteht öfters aus Kugeln mit
concentrischen Ringschichten und enthält dann gewöhnlich Cellulose. Hierher dürften wohl die Stärke-
mehlkörper zu rechnen sein, welche Virchow in den
Auskleidungen der Hirnventrikel und in den Malpighischen Körpern bei Speckmilz, oder Sagomilz
gefunden hat. Nach Remack giebt die organische Substanz des Hirnsandes gleichfalls die blaue Jodstärke-
reaction bei Einwirkung von Jod mit Schwefelsäurezusatz.

Henle wie Meckel halten die „corpora amylacea"
für Cholestearinbildungen. Wahrscheinlich ist Cholestearin als weitere Veränderung pathologischer
Gallerte vorhanden.

Vorwiegend schleimhaltiges Gallertgewebe
füllt zuweilen den inneren Raum der Schleimdrüsen und
bildet hier grofse s. g. Colloïdballen, welche von der
membrana propria der Drüsen ausgehen und von dem
Follicularbindegewebe öfters balgförmig, cystenartig umschlossen werden. — Aufserdem findet sich schleimhaltiges
Gallertgewebe in Verbindung und als Bestandtheil verschiedener Geschwülste aus Bindesubstanz, sowohl aus ge-

wöhnlichem Bindegewebe wie aus Knorpel- und Knochengewebe.

Verschiedene anatomische und chemische Bauformen des pathologischen Gallertgewebes
finden sich gemischt in dem zähen „Safte" mancher bindegewebigen Balg- oder Cystenräume, so dafs Eiweifs und
dem Schleimstoff ähnliche Körper neben den Reactionen
der Cellulose vorkommen.

Andral (pathol. An. übers. von Becker, 343) fand
einen Brustfellsack „voll von einer blafsgrauen Substanz,
welche die genaueste Aehnlichkeit mit dem Honige hatte
und veranlafste, dieser Secretionsabweichung den Namen
einer inneren Meliceris zu geben." In dieser Beobachtung Andral's scheint eine besondere Form pathologischer Gallertgewebebildung vorzuliegen.

In einem von mir beobachteten Falle von Epilepsie
mit Blindheit durch Glaucom, Taubheit, Tobsucht bei einem
16 jährigen Schlosserlehrlinge, Christian Lang aus G......,
fand sich an der Leiche knotige Anschwellung des
Rückenmarkstranges und seiner Nerven —
hypertrophie ganglionaire du système nerveux —, die
Schädelknochen waren zum Theil verdünnt, zum Theil
völlig geschwunden, aus dem Arachnoïdealsacke
des Hirnes flofs eine beträchtliche Menge, 1½ Schoppen,
einer klaren, bernsteingelben Flüssigkeit, welche aufserhalb der Leiche 45 Minuten nach dem Abflusse zu einer
blafsgelben, opalisirenden Gallerte gerann. Die chemische
Untersuchung dieser Masse durch Herrn Professor Will
hatte nicht ganz bestimmte Ergebnisse, die Reactionen
schwankten zwischen denen des Eiweifses und des Faser-
stoffes, sie wurden für pathologisches Eiweifs gedeutet. —
Es liegt hier offenbar Eiweifsgallerte vor, welche
einestheils in flüssigem Aggregatzustande den

Arachnoïdealsack anfüllte, ausdehnte, durch Druck die
Schädelknochen schwinden machte, und anderntheils in
festerer Form die Knotenschwellung in verschieden grofsen Abständen an dem Rückenmarkstrange und
den Nerven veranlafste.

Fleischge-
schwulst —
sarcoma. J. Müller hat zuerst gefunden, dafs es Bindegewebegeschwülste giebt, welche beim Kochen nicht
Leim, sondern Eiweifs und einen dem Schleimstoff ähnlichen Körper geben — und hat diese Geschwulstform zum Theil als albuminöses Sarcom,
zum Theil als gallertartiges Sarcom, oder Gallertgeschwulst — collonema — bezeichnet. Seitdem ist
diese pathologische Neubildung unter abgeänderten Namen beschrieben als faserig-zelliges Sarcom
(Virchow), — Sarcom (Reinhardt), — eiweifs-
haltiges Fibroïd, drusige Gallertgeschwulst, steatoma
(Schuh), — fibronucleated growth (Bennett, Paget),
myeloïd tumour, recurring fibroïd (Paget). Dieselbe
kommt in sehr verschiedener Gestalt vor : rund, länglich,
glatt, kugelförmig, gleichmäfsig, in Lappen getheilt, warzig
oder glatt; sie ist leicht zu durchschneiden, ihre Schnittfläche hat für das freie Auge entweder ein gleichförmiges
Aussehen, oder eine streifige Zeichnung. Der Streifen-
bau erhebt sich entweder vom Boden aus strahlig nach
dem Umfang der Geschwulst, oder bildet ein Netz, in
dessen Maschen ein schleimiger, sulziger Stoff liegt. Die
Farbe der Schnittfläche erscheint blafsroth, blafsbraun,
grauroth, blafsgrau oder weifs.

Diese vielfach gedeutete Geschwulst entwickelt
sich überall und immer aus dem normal vorhandenen Bindegewebe und entspricht in ihrem anatomischen wie chemischen Baue dem Gewebe der
Wharton'schen Sulze, dem Unterhautbindegewcbe in den

Embryonen der Wirbelthiere u. s. w. Virchow hat zuerst beobachtet, dafs das Sarcom aus Kernen und Zellen
des physiologischen Bindegewebes hervorgeht und sowohl
hierdurch, wie durch eigene Vermehrung sich weiter
entwickelt und fortwächst. Kerne und Zellen sind in der
Längenrichtung dicht an einander gereihet und bilden zusammenhängende Züge, seltener Follicular- oder Balgräume; — manchmal führen einzelne Zellen oder Rinden-
substanzen einen braunen Farbstoff. — Die Grundmasse, Intercellularsubstanz, erscheint als Abscheidung der
pathologischen Bindegewebekörper und ist zum Theil aus
zarten Blättern geschichtet, wodurch dieselbe eine
streifige Zeichnung erhält, oder sie ist gleichförmig,
sulzig.

Das jeweilige Vorwalten eines ihrer Baubestandtheile, oder eines Gefüges hat zur Eintheilung dieser Geschwulstform in faseriges, zelliges,
gallertartiges Sarcom (Förster) geführt : das
faserige Sarcom sitzt am häufigsten in dem *Unter-
haut*bindegewebe und in dem Zwischenbindegewebe der Muskeln, seltener in dem Bindegewebe der
Brustdrüse und in der Beinhaut. Dasselbe wächst bald
rasch, bald langsam, und erreicht oft eine Gröfse von 1—2′
im Durchmesser. Hierbei verdrängt dasselbe die Nachbartheile und wirkt zerstörend auf diese durch Druck, so
dafs auch die äufsere Hautdecke über der Geschwulst
schwinden kann und die Geschwulst nun blosliegt, worauf
deren Oberfläche brandig zerfällt, blutet, eitert und das
Allgemeinbefinden gestört wird. — Das *zellige* Sarcom
bildet die häufigste Form der Kiefer- und Zahnfleisch-
geschwulst — epulis —, dasselbe kommt ferner häufig vor
an der äufseren und inneren Beinhaut der verschiedenen
Knochen, an dem Unterhautbindegewebe der verschiedenen

Häute und hautartigen Ausbreitungen, an dem Eierstocke,
in dem Zwischenbindegewebe der Brustdrüse, Muskeln,
Nerven, besonders der Nervencentralorgane, und in dem
Zwischenbindegewebe der Leber, der Lungen. Die Geschwulst wächst bald nur durch eigene Vermehrung ihrer
Baubestandtheile im Innern und verdrängt die Nachbartheile, oder sie wächst zugleich durch Betheili-
gung ihrer Nachbarschaft an der pathologischen Gallertgewebebildung, so dafs das Nachbargebiet verschwindet
durch gallertige Umwandlung. — Das gallertige
Sarcom findet sich vorzugsweise in dem Zwischenbindegewebe der Muskeln, der Brustdrüse und des Hirnes, in der
Beinhaut und in der harten Hirnhaut; dasselbe ist übrigens
auch an den übrigen Fundorten der beiden anderen Sar-
comformen beobachtet. Das Gallertsarcom verdrängt die Nachbartheile, kann indefs nur einen ge-
ringen Druck auf dieselben üben.

Das Sarcom entwickelt sich gewöhnlich einfach; zuweilen entstehen jedoch in vielfacher Zahl
kleinere Sarcomgeschwülste allmählich oder rasch nach
einander in dem Bindegewebe eines Organes, oder Systemes, oder auch verschiedener Organe; selten geschieht eine Verbreitung auf die Lymphdrüsen, welche
mit dem zuerst erkrankten Organe zunächst verbunden
sind, und es ist noch unentschieden, ob diese Verbreitung
eine secundäre, von der ersten Geschwulst abhängige Bedeutung hat, oder ob beide Erscheinungen unabhängig
von einander, aus je selbstständiger Entwickelung hervorgehen. Das „gallertige Sarcom" (Förster) wurde
bis jetzt immer als einfach vorhanden beobachtet und
soll nach Ausrottung nicht wiedergekehrt sein. Das
faserige wie das zellige Sarcom dagegen tritt nach
Ausrottung in mehrmaliger örtlicher Wiederholung auf,

namentlich an der Operationsnarbe, oder in deren Nähe, und es hat sich hierbei herausgestellt, dafs die späteren Bildungen stets reicher an Zellen sind, als die früheren. — Ueberwiegende und zugleich schrankenlose Bildung von selbstständig bleibenden Zellen in regelloser Anordnung und Gröfse würde dem Sarcoma die Beschaffenheit des Krebsbaues geben, worauf die Bezeichnung „carcinoma fasciculatum" von J. Müller, Rokitansky, Schuh für einzelne Sarcomgeschwülste wohl hinweist.

Das Gallertgewebe in pathologischer Neubildung ist zuerst von Otto 1815, dann in bestimmterer Weise von Cruveilhier 1830 als Material einer gewissen Krebsform aufgefafst worden. Bedeutende Forschungen von Lebert, Rokitansky, Virchow u. A. knüpfen sich hieran. Seitdem ist unter dem Namen Gallertkrebs, Colloïdkrebs, carcinoma alveolare eine pathologische Neubildung bekannt geworden, deren Bau im Allgemeinen der Anatomie und Chemie des Gallertgewebes entspricht und von dem *gewöhnlichen* Bindegewebekrebse abweicht, mit welchem letztern derselbe zuweilen verbunden vorkommt:

Gallert-krebs.

In den Maschen eines Fachwerkes von strahlig ausgewachsenen und anastomosirenden Zellenkörpern liegt eine sulzige Masse, welche meistens und in den älteren Bautheilen stets gleichförmig, homogen ist; durch Zusatz von Essigsäure zieht sich diese Masse zusammen und werden alsdann auch Zellen (A. Förster), oder Zellenreste darin sichtbar; hier und da bemerkt man Fettkörnchen. — In den Theilen frischerer Bildung besteht der sulzige Stoff aus kleinsten Theilchen, freien Kernen, Kernen mit Rindensubstanz, und aus gröfseren Blasen , „Colloïdkugeln."

Die freien Kerne haben verschiedene Gröfse und
zum Theil feinkörnigen, zum Theil klaren, homogenen Inhalt. Die Kerne mit Rindensubstanz stellen zum
Theil einfache Zellen dar, zum Theil „Brutzellen", indem
mehrere derselben von einem gemeinschaftlichen Hofe in
einem Umfange von $^1/_8$ bis $^1/_4'''$ umschlossen werden, zum
Theil „Schachtelzellen", indem Hofringe einen Kern
mehrfach umgeben. Die gröfseren Blasen, oder
Kugeln füllen theils zu gröfserer Zahl einen Maschen-
raum, theils ist je ein Raum durch eine einzige Blase
ausgefüllt.

In seinem Wachsthume folgt der Gallertkrebs
dem Laufe seines Ausgangsgewebes, oder setzt
sich von hier aus in dessen Umgebung fort.

In seinem selbstständigen, primären Vor-
kommen ist der Gallertkrebs öfters beobachtet an
dem Bauchfelle, an dem Magen, an dem Mastdarme, sel-
tener in der Leber, Brustdrüse, Gebärmutter, an den
Eierstöcken, Nieren und Knochen. — In secundärer
Verbreitung findet sich der Gallertkrebs in den
Lymphdrüsen, welche mit seinem primären Standorte durch
Gefäfsverbindung zusammenhängen.

Gallertkrebs führt in der Regel den Tod herbei,
theils durch seinen eigenen Zerfall, theils durch Beeinträchtigung der normalen Verrichtung seines Auf-
enthaltortes, theils durch Druck auf Nachbarorgane, indem alle diese Einflüsse Blutleere und vorschreitendes
Schwinden bedingen können.

2) Das gewöhnliche Bindegewebe, Zellgewebe. Das gewöhnliche, fibrilläre Bindegewebe
ist locker und weich in den Zwischenräumen der Organe, fest in den Sehnen, Bändern und manchen Haut-

grundlagen; man unterscheidet defshalb nach Art und Ort
das interstitielle und das fibröse Bindegewebe.

Embryonal besteht das Bindegewebe aus Zellen
(Schwann, Reichert) und Cytoblastem (Schwann),
Intercellularsubstanz (Reichert). Virchow hat
auch in dem fertigen Bindegewebe zellige Formele-
mente aufgefunden, und dieselben „Bindegewebskörper-
chen" genannt, sie hängen unter einander zusammen und
bleiben entweder mehr rundlich, oder sind strahlig ausgewachsen. Durch die verzweigte Anordnung der Bindege-
webskörper wird die Grundsubstanz zu cylindrischen,
bandartigen Streifen abgegränzt, welche den Namen
Bindegewebebündel erhalten haben. — Der Inhalt der
Bindegewebekörper kann sehr verschieden sein und gewöhnlich wechselt mit dem Inhalte auch etwas die Gestalt
derselben. Hiernach unterscheidet man das Fettgewebe,
das Pigmentgewebe und das Haargefäfsgewebe.

Die Zwischenzellenmasse, oder Grund-
substanz ist nachgiebig oder fest, dieselbe ist fast allerwärts im Körper aus zarten Blätterschichten aufgebaut,
wodurch das Bindegewebe ein gestreiftes Aussehen erhält und die Bezeichnung fibrillär für dasselbe entstanden
ist; die Grundmasse liefert Leim durch längeres Kochen.

Es giebt indefs eine normale Art von umgewandel-
ter Grundmasse, welche *nicht* Leim giebt, sie wird wegen
ihrer grofsen Elasticität das „elastische Gewebe" genannt,
ist sehr widerstandskräftig und hat stark lichtbrechende
Eigenschaften. Das elastische Gewebe geht hervor aus
einer normalen eigenthümlichen Härtung und Verdich-
tung der Grundmasse des gewöhnlichen Bindegewebes an
den Gränzschichten oder den Binnenstreifen. Auf
dieser Härtung der Gränzlagen beruht die Bildung von
den Glashäuten — basement membrane —, insbeson-

dere entsteht hierdurch der helle Gränzsaum an der
Lederhaut sowohl der äufseren Haut, wie der serösen
und der Schleimhäute, ferner die Eigenhaut — membrana propria — der Drüsen. Aus der Härtung
von Binnenstreifen und breiteren Binnenlagern
gehen die elastischen Fasern und Platten hervor
(Henle, Reichert, Leydig); die s. g. Spiral-
fasern sind Kunstproducte aus elastisch verdickten Gränz-
säumen (Leydig) der Bindegewebebündel.

Das pathologische gewöhnliche Bindegewebe.

In gleicher Weise wie die normale Bindegewebebildung geschieht die pathologische sowohl in ausgedehnten Lagern wie an ˙sehr beschränkten Stellen in dem
Menschenkörper. — An dem pathologischen, neugebildeten gewöhnlichen Bindegewebe wiederholen sich die verschiedenen Arten und Formen, wie
wir dieselben an dem normalen Bindegewebe kennen. Hier
wie dort unterscheiden wir gleichförmiges, fibrilläres,
weiches, festes, Leim gebendes Bindegewebe mit
seinen Bündeln und das elastische nicht Leim ge-
bende Gewebe mit seinen Glashäuten und elastischen
Fasern, und je nach Inhalt und Form der pathologischen Bindegewebekörper gebrauchen wir die
Ausdrücke : Fettgewebe, Pigmentgewebe, Haargefäfsgewebe aus der normalen Histologie. — Dafs
zuweilen pathologisches Bindegewebe leicht, zuweilen gar
nicht in Fasern, oder Fibrillen sich trennen läfst, rührt,
wie es scheint, daher, dafs in dem ersteren Falle die
Schichten der Grundmasse senkrecht, in dem
zweiten Falle dagegen wagerecht vorliegen.

a) Das pathologische Fettgewebe. Der Bau des pathologisch neugebildeten Fettgewebes ist völlig

gleich dem Baue des normal vorhandenen, derselbe besteht aus rundlichen Bindegewebekörpern, deren Hofräume mit flüssigem Fette gefüllt sind; selten haben einzelne neue Fettzellen etwas mehr als gesetzmäfsige Gröfse. Die pathologische Neubildung des Fettgewebes entwickelt sich ausgedehnt in gröfseren Flächen oder beschränkt in einzelnen Fetttrauben und bildet in dem letzteren Auftreten die Fettgeschwulst — lipoma —, in der ersteren Erscheinungsweise den allgemeinen Fettgewebewucher aller Fettlager — obesitas, polysarcia — und den Fettgewebewucher des Fettlagers einzelner Organe, z. B. des Herzens, der Nieren, der Bauchspeicheldrüse. Die Neubildung des Fettgewebes vermehrt öfters die Mächtigkeit der normalen Fettlager um $\frac{1}{4}$ bis $\frac{1}{2}'$ und vermag das Körpergewicht auf 4 bis 8 Centner zu steigern. Hierbei kann der Bau aller übrigen Körpertheile vollkommen normal sein, indessen würden durch massenhafte Anhäufung des Fettgewebes in der Brusthöhle lebensgefährliche Hemmnisse für Kreislauf und Athmung eintreten.

Der flächenhaft ausgebreitete Fettgewebe*wucher* ist öfter gepaart mit Fett*umwandlung*, namentlich bei manchen Fehlern des centralen Nervensystemes; aufserdem finden wir den Fettwucher in einem Verhältnisse zu der Verhornung und dem necrotischen Gewebezerfalle, welches verschiedene Deutung veranlafst. Entweder nämlich rückt die Neubildung von Fettgewebe in gleichem Schritte dem vorgängigen Schwinden der Substanz in das Innere der Organe nach, oder umgekehrt, das neugebildete Fettgewebe dringt initiativ zwischen die normalen Baubestandtheile eines

Ausgebreitete Fettgewebeneubildung.

anderen Gewebes massenhaft ein und vernichtet jetzt erst dieselben durch D r u c k.

In seinen äu fs er en ursächlichen Beziehungen ist der allgemeine Fettgewebewucher als angeboren und als erblich betrachtet, aufserdem erscheint derselbe auch ohne diesen Zusammenhang von frühester Kindheit an; in dem höheren Alter entwickelt er sich öfter bei fortgesetztem Genusse stickstofffreier Nahrung.

Fettge-
schwulst.
Die pathologische Fettgewebebildung an einer k l e i n e n Stelle, der *umschriebene* F e t t g e w e b e w u c h e r oder die F e t t g e s c h w u l s t kommt meist e i n f a c h vor; ihre G r ö fs e scheint von ihrem Ausgangspunkte abzuhängen, wenigstens erreicht nur die Fettgeschwulst des Unterhautbindegewebes oft eine bedeutende Gröfse und ein Gewicht von mehreren Pfunden. Die Fettgeschwulst ist in traubigen Abtheilungen gebaut, ihre übrige Gestaltung, platte oder längliche Form hängt ab von ihrer Lagerstätte und Umgebung, sie liegt entweder f r e i oder von einer gefäfsgewebigen Hülle u m s c h l o s s e n; an ihrer Grundfläche treten die Gefäfse aus der normalen Nachbarschaft in die Geschwulst und verästeln sich in dem Neubau.

Die S c h n i t t f l ä c h e hat in der Regel das gelbliche Ansehen und die Dichtigkeit des normalen Fettgewebes; Abänderungen liegen in ungewöhnlicher Zusammensetzung des Gewebes, so dafs fettl o s e s Bindegewebe in streifiger oder gleichmäfsiger Vertheilung überwiegt, wodurch ein weifses, speckähnliches Aussehen entsteht und die Geschwulst die Bezeichnung S p e c k g e s c h w u l s t — steatoma — (J. M ü l l e r) erhalten hat.

Die Fettgeschwulst wird am häufigsten in dem grofsen Fettlager unter der äufseren Haut angetroffen, hier erreicht dieselbe zugleich den bedeutendsten Umfang und kommt fast ausschliefslich in d i e s e m Lager m e h r f a c h

vor; selten und klein dagegen ist die Fettgeschwulst in
dem Unterbauchfellgewebe, in dem Zwischenfettgewebe
der Gelenkschmierhäute, des Nahrungsschlauchs, des Brust-
felles, der Luftröhrenleitung und an der Wirbelhöhle. —
An allen diesen Orten geht die Fettgeschwulst aus
dem dortigen normalen Fettgewebe durch Neubildung hervor.

Aufserdem aber ist die Fettgeschwulst an Körper-
stellen beobachtet, an welchen das Normalvorhanden-
sein von Fettgewebe zur Zeit nicht geradezu erwiesen ist, so dafs es vorläufig wenigstens zweifelhaft
bleibt, inwiefern auch hier jene krankhafte *Wiederholung* der normalen Fettgewebebildung als Wucher
etwa dennoch vorhandenen Fettgewebes zu betrachten sei,
oder ob dieselbe vielmehr in der *Fettumwandlung* des
Inhaltes und der Gestalt normal *fettloser* Bindegewebekörperchen besteht. Es zählen hierher die
Beobachtungen der Fettgeschwulst unter der inneren Auskleidung des Herzens, in den Lungen, in der Leber, in
der Nierenrinde (Rokitansky), in der Hirnhöhlenaus-
kleidung (Reinhardt, Rokitansky), an der Innenfläche
der harten Hirnhaut (A. Förster, Rokitansky).

In dem centralen Wachsthume der Fettgeschwulst bemerkt man entweder stetiges Vorschreiten,
oder Stillstand. — *Vollkommene* Rückbildung der Fettgeschwulst des Menschen durch emulsiven Zerfall
dürfte wohl nur an kleinen Geschwülsten stattfinden.
Dagegen hat man wiederholt in Menschen und in Thieren
theilweise Verkalkung an Fettgeschwülsten gefunden:
die Zellen sind alsdann inkrustirt, ihr Fettinhalt ist zum
Theil geschwunden. Zuweilen findet sich stellenweise
Pigmentfüllung der Zellen, manchmal Erweiterung
der Haargefäfse innerhalb des Geschwulstgebietes.

Die Umgebung der Fettgeschwulst verhält sich entweder normal, oder sie ist verhornt, atrophisch,
manchmal hat sich die Fettgeschwulst in eine andere
Bindesubstanz fortgesetzt, nämlich entweder in
pathologisches Gallertgewebe, oder in festes
gewöhnliches Bindegewebe, welches letztere dann
dieselbe in Balgform umschliefst, während das
erstere in Sulzmassen die Umgebung durchzieht. — Verschwärung der Fettgeschwulst mit tödtlichem Ausgange
kann hervorgehen aus Vereiterung und Brand ihrer
Hautdecke, welche auf dem höchsten Punkte der Ausdehnung und Zerrung durch das Vordrängen der Geschwulst sich entzündet und brandig abstöfst.

Durch die chirurgische Ausrottung ist die Fettgeschwulst heilbar, selten entsteht neue Geschwulstbildung
an der Operationsstelle.

b) Das pathologische Farbstoffgewebe. Das normale
Pigmentbindegewebe geht aus der Füllung von
strahlig ausgewachsenen Bindegewebekörpern mit körnigem Farbstoffe hervor. Es liegen nur wenige
Untersuchungen vor, welche annehmen lassen, dafs
pathologisch neugebildetes Körnerpigment
in den Räumen fertiger Bindegewebekörper eingeschlossen sich findet, während dasselbe häufig frei
in der Grundsubstanz liegt. — Aus den Beobachtungen
von Rokitansky gehört hierher zum Theil die schwarz-
blaue Färbung der Lunge des Erwachsenen, wobei übrigens
das Pigment „gewifs nur höchst selten in Zellen enthalten,
vorfindig ist" neben vielen freien Farbtheilchen, welche
in dem bindegewebigen Gerüste der Lungenbläschen sowohl, wie in dem Bindegewebe zwischen den Lungen-
läppchen liegen. — Die schwarzrothe Färbung des neugebildeten Bindegewebes in apoplectischen Narben

(V i r c h o w) dürfte gleichfalls hierher zählen und hier die
Bildung der Pigmentkörner aus imbibirtem Blut-
roth hervorgehen.

c) Das pathologische Gefäfsgewebe. Die Zellennetze
der Bindesubstanz vermögen sich normal und pathologisch
zu Blut- und Lymphhaargefäfsen unmittelbar fortzubilden,
so dafs dieselben zum Theil als zusammenhängende Netze
der Bindegewebekörper, zum Theil als Blut- und Lymphcapillare aufgefafst werden können. In dieser Eigenschaft erscheint das p a t h o l o g i s c h e H a a r g e f ä f s g e w e b e entweder als B e g l e i t e r v e r s c h i e d e n e r Neubildungen und
setzt sich als deren G e f ä f s s y s t e m fort, oder dasselbe
bildet selbst für sich g e r a d e z u a b n o r m e G e w e b e
und G e s c h w ü l s t e. Wir finden pathologisches Gefäfsgewebe
in Formen von sehr verschiedenen Benennungen. Es gehören hierher : aufser Muttermälern und Telangiectasieen
überhaupt, die Wundgranulation, Narbenbildung und Verwachsung, Sehnenflecken und Schwarten, die Balgbildung,
die Umhüllung von fremd gewordenen Körpertheilen, von
Eindringlingen u. s. w. durch Bindegewebekapseln, die
e i n f a c h e Bindegewebegeschwulst, das K r e b s b i n d e g e-
w e b e , gewisse Formen des Kankroïds, der Feigwarzen,
der Papillargeschwulst u. s. w.

Alle diese Formen zeigen, dafs sich das ursprüngliche
normale Bindegewebe sammt Gefäfsen in das neu entstan-
dene pathologische Gebiet f o r t s e t z t und dafs hier seine
M ä c h t i g k e i t z u g e n o m m e n hat; in f r i s c h entstandenen Bezirken sieht man z u g l e i c h freie Kerne, rundliche und strahlige Zellenformen. Es geht hieraus hervor,
dafs das neugebildete Bindegewebe zum Theil wie in dem
Kinde nach der Geburt weiter wächst und mächtiger wird,
zum Theil auf dieselbe Weise wie in dem Embryo sich
entwickelt; alle pathologisch neugebildeten Haargefäfse

haben einen beträchtlich gröfseren Durchmesser als die
normal vorhandenen, sie werden defshalb „colossale" Haargefäfse genannt. Ueber die Gefäfsneubildung insbesondere liegen verschiedene Beobachtungen vor : die Gefäfsneubildung besteht in der unmittelbaren Verlängerung
der normalen Haargefäfse in den pathologischen Neubau
hinein (A. Förster, Lebert, Virchow). Neben
diesen Beobachtungen, nach welchen die neuen Gefäfse
aus den normal vorhandenen sich fortsetzen, liegen zwei
andere Beobachtungsreihen, welche sich unter einander
entgegenstehen : Nach J. Vogel liegen zuerst Blutzellen
einzeln und haufenweise in freien Räumen, welche später von Wänden umgeben werden und mit den normalen
Gefäfsen verschmelzen. Luschka, Rokitansky, Schuh
nehmen eine besondere Art von Gefäfsgeschwülsten an,
worin innerhalb primitiver Kolben und Schläuche
das Blut sich bilde. — Lymphgefäfsneubildung fand
Schröder van der Kolk in pathologischen Membranen;
A. Förster sah solche in Sarcomen und beschreibt dieselben als zottige Schläuche mit körnigem Inhalte, eine
Verbindung dieser Gebilde mit gröfseren Lymphgefäfsen
fand er nicht.

Es schliefst sich hieran die nähere Betrachtung
einzelner Formen, welche aus pathologischem Gefäfsgewebe sich aufbauen.

Narben-
bildung.   Die Wiedererzeugung des Bindegewebes an Sehnen-
schnitten ist von Thierfelder (de regen. tend. 1852)
beobachtet; hiernach geschieht dieselbe in der von Virchow und von Donders aufgestellten Entwickelungsweise des Bindegewebes : Zwischen den beiden Wundrändern entstehen Kerne, um welche sich Rindensubstanz
lagert zur Bildung spindelförmiger, strahlig auswachsender
Körper — Bindegewebekörperchen —, diese Körper liegen in

Reihen, welche allmählich in gröfsere Abstände auseinander rücken durch die Abscheidung von Intercellularmasse. A. Förster (p. A. I, 101) giebt folgenden Gang zur Wiederbildung des Bindegewebes für Wunden und Substanzlücken an : Bindegewebewunden füllen sich bald mit Gerinnsel, dieses bleibt einige Zeit lang scheinbar unverändert, zerfällt alsdann zu kleinsten Theilchen und schwindet endlich; dieses Schwinden geschieht proportional dem Fortschreiten der Bindegewebeentwickelung aus den Wundrändern. Die Wundränder selbst schwellen bald nach der Verwundung, indem ihr Bindegewebe sich aufbläht und lockert, so dafs die Grundmasse ihr streifiges Aussehen verliert, gleichförmig erscheint und die Bindegewebekörperchen sehr deutlich als bläschenartige Zellen hervortreten. Zugleich bemerkt man Kerntheilung und in der Grundmasse zahlreiche Reihen länglicher Kerne in ziemlich regelmäfsigen Abständen nach der Längenrichtung angeordnet; — die Haargefäfse erweitern, verlängern sich und schieben spitze oder schlingenförmige Ausläufer in das aufgeblähte Bindegewebe, welches sich als eine weiche graurothe Masse von den Wundrändern in die Substanzlücke fortsetzt : die Füllmasse besteht aus freien Kernen und einer grofsen Menge von Hofkernen, deren Rindensubstanz in Spindelform ausgewachsen ist; diese bilden Züge, welche durch Essigsäure nicht zerstört werden; — ferner liegen zugleich die Haargefäfsfortsätze in der Füllmasse. Alle diese neuen Entwickelungen sind in gröfseren Lücken äufserst reichlich vorhanden, sie geben der Füllmasse für Schnittwunden gleiche Bedeutung mit der Granulation oder Wärzchenbildung nach Verschwärung. — Der Zeitabschnitt, in welchem sich dieselben bilden, ist verschieden lang, schmale Lücken sind im Allgemeinen nach einigen Tagen ausgefüllt.

Das Bindegewebe, womit Geschwürflächen sich
überziehen und vernarben, bildet sich in derselben Weise
wie jene Füllmasse für Schnittwunden, dasselbe geht ebenso
zunächst aus Vermehrung der normal vorhandenen Kerne
des Mutter- oder Geschwürbodens und dann aus Fortpflanzung dieser neugebildeten Kerne hervor. — Zur
Deckenbildung einer freien Fläche erhebt sich dasselbe in
kleinen weichen graurothen Wärzchen, welche den Namen
„Wund-Granulationen" erhalten haben; dieselben bestehen
an ihrer Basis aus aufgeblähtem Gefäfsgewebe des Mutterbodens, welches an der Spitze in neugebildete Reihen-
züge von freien und Hofkernen übergeht. — Anfangs
sind die Granulationen von Eiterzellen durchsetzt, diese
verschwinden aber bei vorschreitender Bindegewebebildung.
Das Epithel der Umgebung setzt sich über die Narben-
oberfläche fort.

Wund-granulation.

Balgräume, Bälge, Cysten — tumores cystici, cystae
— sind Hohlräume, deren Wände aus verdicktem und neugebildetem Bindegewebe bestehen und in der Regel von
Epithelzellen ausgekleidet sind, den übrigen Innenraum
nimmt eine klare Flüssigkeit ein, oder auch Zellenmasse,
Blut, verschiedene Erzeugnisse der pathologischen Zellen-
umwandlung, verschiedene Gewebe der Bindesubstanz,
Zähne, Horngewebe. — Die Balgbildung ist gewöhnlich
als Folge krankhaft vermehrter Ausdehnung von
normal vorhandenen Bindegewebesäcken,
Schleimbeutel, Bläschen, oder Kanälen aufzufassen : ihre
Wand geht in diesen Fällen aus pathologischer Neubildung
in der normalen Bindegewebewand hervor, ihre Epithelauskleidung und ihr übriger Inhalt entwickelt sich
alsdann aus pathologischer Umbildung der Kerne und
Zellen, welche normal in jenen Hohlgebilden eingeschlossen
sind ; hierher gehören z. B. die verschiedenen Drüsenbälge,

Balg-bildung.

Eierstockbälge u. s. w. Sowohl Balgwände, wie ihr Inhalt können aber auch pathologisch neu entstehen ohne gesetzmäfsige Gegenwart von Hohlräumen an dem Orte ihrer Entwickelung, sie erscheinen als pathologische Nachbildungen jener normalen Hohlräume und gehen aus einer bestimmten Anordnung der Kerne des neugebildeten Bindegewebes und aus Umbildung des gleichzeitig neugebildeten Gewebes aus selbstständig gebliebenen Zellen hervor; es gehört hierher namentlich die Entwickelung von Gallert- oder Colloïdcysten in dem Krebsbaue.

Es giebt ferner Cysten, deren Entwickelungsweise noch nicht klar ist; hierher gehören manche angeborene s. g. seröse Cysten — hygromata telae cellulosae —; man findet dieselben besonders an dem Halse und in der Kreuzgegend; sie bestehen zum Theil aus einem einfachen Cystenraum, zum Theil aus mehrfachen Räumen und bilden alsdann die „zusammengesetzten Cysten", indem ein zartes, oder ein sehniges Fachwerk den Hohlraum derselben theilt, oder indem durch vorspringende Halbwände und Leisten aus Bindegewebe mehrfache Theilungen desselben angedeutet werden.

In allen Bindegewebegeschwülsten tritt uns das neugebildete und das pathologisch mächtiger gewordene normale Bindegewebe in denselben Hauptformen entgegen, in welchen wir das gewöhnliche Bindegewebe unter normalen Bedingungen einestheils in den Sehnen, anderntheils in den Interstitien kennen gelernt haben, wir finden dasselbe nämlich bald in festerer Gestalt, bald von lockerer, weicher Beschaffenheit. Hiernach unterscheidet man die *sehnige* Fasergeschwulst oder das Fibroïd, Desmoïd — tumor fibrosus — von der *lockeren* Bindegewebege-

Bindegewebegeschwülste.

schwulst, oder Zellgewebefasergeschwulst (J. Müller), Bindegewebegeschwulst (J. Vogel), — fibrocellular Tumour (Paget). — Beide Formen gehen aus dem gewöhnlichen Bindegewebe, insbesondere dem Gefäfsgewebe hervor und sind bald mit einer besonderen Hülle abgegränzt ausschälbar, bald verlieren sie sich in der Umgebung. Man unterscheidet hiernach die umschriebene „Geschwulst" und die ausgebreitete, freie Neubildung aus gewöhnlichem Bindegewebe. Das Wachsthum geht in der Regel stetig voran und kann in der Geschwulstform bereits innerhalb 4—6 Jahren einen Umfang von 2' und ein Gewicht von $\frac{1}{2}$ Centner und darüber entwickeln. Die Umgebung betheiligt sich selten an der Geschwulstbildung, sie wird durch die Geschwulst in der Regel verschoben, verdrängt, so dafs sie durch Druck verhornt und verschwindet; zuweilen wird die allgemeine Decke durchbohrt, die Geschwulst wuchert alsdann frei vor, entzündet sich, blutet sehr leicht und verjaucht. Für Ernährung und Leben des Trägers werden diese Bindegewebeneubildungen nur secundär nachtheilig, durch Druck oder Zerstörung wichtiger Theile des Organismus und durch ihre eigene Verjauchung nach ihrer Entblöfsung. — Wiederkehr an der Ausrottungsstelle oder in entfernteren Körpergegenden ist nicht Regel.

Sehr hervorzuheben ist die Verbindung der Neubildungen aus gewöhnlichem Bindegewebe mit pathologischem Gallertgewebe; es kommen sowohl sehnige wie lockere Bindegewebegeschwülste vor, welche sehr reich an Schleimstoff sind. Ob diese Verbindung die Bedeutung des histologischen Ueberganges oder der Stellvertretung habe, ist noch unentschieden.

In der sehnigen Geschwulst erreicht' das Bindegewebe einen sehr hohen Grad der Festigkeit, so dafs

dieselbe fast so hart wie Knochen anzufühlen ist. Die
Geschwulst ist gewöhnlich rundlich, scharf begränzt und
von einer Hülle umschlossen; ihre Schnittfläche ist glatt,
glänzend und mit weifsen Faserzügen versehen, wodurch
die Fläche eine verschiedene Zeichnung erhält, indem diese
Züge bald unregelmäfsig die Geschwulst durchziehen, bald
concentrische Kreise darstellen, welche dann entweder
durchweg concentrisch liegen, oder einzelne Abtheilungen bilden, welche letztere wieder durch gröfsere gemeinschaftliche Kreise umgeben und zusammengefafst sind.
Die ganze Geschwulst durchziehen Haargefäfsnetze, in
welche sich die von einem oder mehreren Punkten des
Umfanges eintretende Arterie sofort auflöst; an einer
anderen peripherischen Stelle mündet das Gefäfsnetz
in Venen.

  Die Grundmasse oder Intercellularsubstanz ist gewöhnlich in Schichten aufgebaut und erhält hierdurch ein streifiges „fibrilläres“ Aussehen, anderemale erscheint dieselbe
gleichförmig, homogen, meistens enthält sie gehärtete
Binnenstreifen, welche das elastische Gewebe, die „elastischen Fasern“ des Fibroïdes darstellen. — Durch strahlige
Zellenzüge wird die Grundmasse in wellige „Bindegewebebündel“ abgegränzt; in einzelnen Gegenden der Geschwulst liegen dagegen die Bindegewebekörperchen
dichter zusammen, sie scheinen erst später in jene gröfseren Abstände auseinander zu rücken; — an anderen Orten
finden sich längliche Kerne haufenweise zusammen.

  Die sehnige Geschwulst geht stets von dem normalen Bindegewebe aus; dieselbe kann sich in vielfacher
Anzahl entwickeln, findet sich aber bei demselben Individuum immer nur in dem Bindegewebe eines einzigen Organes, oder Systemes (A. Förster, path. An. I, 108).
Am häufigsten entwickelt sich die Geschwulst in der Ge-

bärmutterwand, dann in der inneren und äufseren Beinhaut, in dem Nerven-, Muskel- und in dem Unterhautbindegewebe, ferner in dem Unterschleimhautbindegewebe
des Schlundes, dagegen seltener in dem Eierstocke, in
der Brustdrüse, in dem Bauchfelle und in den Lungen.

Als weitere Umwandlung der sehnigen Geschwulst ist nur die Fortsetzung zu Knochengewebe und die Verkalkung beobachtet, und zwar scheint
auch diese Umwandlung an gewisse Entwickelungsorte ge-
bunden zu sein : theilweise Verknöcherung umgiebt zuweilen in Schalenform von der Beinhaut ausgehend
grofse Knochenfibroïde bei Zerstörung des normalen
Knochengewebes. Wedl (Grundz. d. p. A., 608) fand
ein verkalktes Gebärmutterfibroïd zum Theil ver-
knöchert. Lebert (Physiol. path. II, 188) sah ver-
knöcherte Fibroïdstellen in der Nähe des Kniees.
Theilweise Verkalkung ist fast nur an Gebär-
mutterfibroïden gesehen worden.

Das pathologische Bindegewebe von der weichen
lockeren Art, in welcher wir dasselbe normal als
Zwischenbindegewebe, interstitielles Bindegewebe sahen,
kommt gewöhnlich als diffuse, in der normalen Umgebung ohne scharfe Gränze sich verlierende Neubildung
vor. In dieser Auftrittsweise finden wir dasselbe am
häufigsten in der Haut, nächstdem in dem Unterschleimhautbindegewebe (Förster), woselbst es Formen von
verschiedener Bezeichnung bildet : weiche Warzen, mollus-
cum simplex, naevus lipomatodes, elephantiasis scroti, prae-
putii, clitoridis, labiorum pudendi und die Hautknollen der
Extremitäten, Ohren, Wangen, Nase; in dem Unterschleimhautbindegewebe bildet es die weichen, saftigen Poly-
pen der Nasen- und Rachenhöhle.

Durch eine Hülle abgegränzt, ausschälbar, also in Gestalt einer umschriebenen Geschwulst, welche unregelmäfsig, kugelig oder scheibenförmig sich darstellt, finden wir das lockere Bindegewebe pathologisch neugebildet zuweilen am Hodensacke, an den grofsen Schamlippen, in der Scheide, in dem Zwischenbindegewebe der Muskeln, Sehnen, Bänder, an den Gefäfsen, in der Augenhöhle, in den weiblichen Geschlechtsdrüsen in der Gebärmutterwand.

Die Schnittfläche zeigt ein lockeres Gefüge und zusammengesetzten Lappenbau, dessen verschiedene Abtheilungen aus einem Fachwerke von Gefäfsgewebe bestehen, worin eine farblose Flüssigkeit liegt, welche bald aus Blutwasser besteht, bald einen reichlichen Gehalt an Schleimstoff besitzt. Mikroskopisch erscheint die lockere Bindegewebegeschwulst aus Bindegewebebündeln aufgebaut, zwischen welchen die Elemente des Gallert- oder Schleimgewebes als Kerne, Spindelzellen, strahlige Zellen und Zellenzüge in einer gleichförmigen flüssigen Grundmasse liegen.

Kölliker giebt an, dafs aus dem Schleimgewebe „reifes" Bindegewebe sich ausbilde. Der anatomische Befund der lockeren Bindegewebegeschwulst macht es wahrscheinlich, dafs in derselben pathologisches Bindegewebe zum Theil in ähnlicher Weise aus Gallertgewebe sich fortsetzt, zum Theil aus pathologischer Verstärkung normaler Bindegewebebündel hervorgeht.

Wie die übrigen Bindegewebegeschwülste findet sich auch der Bindegewebekrebs in verschiedener Gröfse und tritt sowohl von einer Hülle scharf begränzt, als auch frei, unbegränzt von einer Umhüllung, „diffus" auf; — derselbe zeigt gewöhnlich eine weifse, blafsgraue oder blafsrothe Färbung, zuweilen erscheint

Bindegewebekrebs.

er braun und blutroth; — seine Festigkeit besitzt
sehr verschiedene Grade, meist ist jedoch dieselbe
gering und oft giebt sie der Betastung den Eindruck
halbflüssiger Körper. — Die Schnittfläche ist entweder trocken, oder saftig : der Saft überzieht bald
gleichförmig die Schnittfläche, bald quillt derselbe in
Tropfen hervor, bald ist derselbe in so grofser Menge
vorhanden, dafs auf den ersten Blick die ganze Geschwulst
daraus zu bestehen scheint. Der Krebssaft ist blafsgrau und besteht aus flüssiger Grundmasse und
selbstständig gebliebenen Zellen, „Krebszellen". Der
Krebssaft besitzt verschiedene Aggregatzustände,
seine Flüssigkeitsgrade sind der Menge seiner
Grundmasse, oder Intercellularsubstanz proportional, so dafs der Saft auf die Schnittfläche nicht vor-
tritt, wenn die Abscheidung der Zwischenzellenmasse kaum
hinreicht, die Zellen unter einander zu verkleben, dagegen
ausfliefst, wenn reichliche Intercellularsubstanz die
Zellen aus einander hält. Aufserdem zeigt sich an der
Schnittfläche ein Fachwerk, welches den Bau durchzieht und das stützende Gewebe, das Grundgerüst desselben darstellt. Aus der Umgebung treten Arterien in
den Krebsbau und lösen sich hier sehr bald in ein System
„colossaler" Haargefäfse auf, welches peripherisch in
Venen sich sammelt, deren Zweige in die Venen der Umgebung sich ergiefsen.

Der Bindegewebe*krebs* besteht wie die übrigen
Bindegewebegeschwülste aus einem Gefäfse tragenden Gerüste und aus Zellen; das Gerüste geht auch hier zum Theil
aus pathologischer Verlängerung und Verstärkung des normalen Bindegewebes, zum Theil aus eigener Fortpflanzung
hervor, dagegen wachsen die in seinen Maschenräumen
liegenden Zellen und Kerne niemals zu Fasern aus, sie

bleiben selbstständig, führen auf jenem bindegewebigen Gerüste ihr Leben und bilden in ähnlicher Weise wie die normalen selbstständig gebliebenen Zellen unter sich ein Gewebe. — Die Gegenwart dieser Zellen in neugebildeten Bindegeweberäumen würde bereits hinreichen, dieselben als pathologische zu bezeichnen, hierzu kommt, dafs ihre Anordnung jeder normalen Gesetzmäfsigkeit entbehrt und ihre Fortpflanzung mafslos geschieht.

Virchow's (Arch. IV.) Beobachtungen machen es wahrscheinlich, dafs der Krebsbau aus pathologischer Vergröfserung und Umbildung der Baubestandtheile des normalen Bindegewebes hervorgeht; jedenfalls setzt sich das normale Gefäfsgewebe in das Krebsgerüste unmittelbar fort und tritt hier mit *erweiterten* Haargefäfsen auf. In der Krebsgränze sah Förster (p. A. I, 251) das Verschwinden des Fettes aus den Zellen des Fettgewebes in allen Stufen, bis zur völligen Fettlosigkeit, so dafs dieselben als fettlose Kernzellen zurückbleiben, mit Beibehaltung ihrer früheren Lagerung zu dichten Haufen; aufserdem treten nach diesem Beobachter in der Umgebung des Krebsbaues alle Bindegewebekörper „auffallend deutlich als Zellen" hervor.

Die selbstständig gebliebenen Kerne mit oder ohne Rindensubstanz sind in dem Krebsbaue fast immer beträchtlich gröfser, als die gleichnamigen Gebilde in den normalen Geweben oder den übrigen pathologischen Neubildungen; sie bilden hier sehr deutlich sichtbare weiche Bläschen, — Rindensubstanz umgiebt dieselben kreisförmig, oder in Zipfelform. Neben der Schrankenlosigkeit ihrer Vermehrung steht eine grofse Mannigfaltigkeit ihrer Entwickelungsformen :

vielfach sieht man Kerne in Theilung o h n e gleichzeitige
Einschnürung ihrer Rindensubstanz; — eine Zellenform,
welche man als „Brutzellen" oder als Mutter-, Tochter-,
Enkelzellenbildung bezeichnet hat, kommt in manchen
Krebsen häufig vor, es liegen alsdann mehrere Kerne von
je e i n e m Einzelhofe umschlossen innerhalb eines gemeinschaftlichen Hofraumes, — auch s. g. Schachtelzellen finden sich, worunter man die Umgebung des Kernes mit
mehrfachen Hofringen versteht, — häufig werden zwei
oder drei Kerne von e i n e m Hofraume umfafst und bilden
nach der gewöhnlichen Bezeichnung mehrkernige Zellen.
Diese Gebilde liegen in einer Grundmasse von verschiedener Menge, worauf die Eintheilung der Krebse in s a f-
t i g e und s a f t l o s e beruht; in manchen Fällen bleibt fast
nur homogene Zwischensubstanz übrig, die Zellen und
selbst die Kerne sind gröfstentheils geschwunden, ein dem
Schleimstoffe ähnlicher Körper füllt die Räume und giebt
dem Krebsbaue die Bezeichnung G a l l e r t k r e b s. Die
Z e l l e n f o r m und A n o r d n u n g stimmt zuweilen durchweg oder schichtweise mit den Epithelien überein, woher
die Benennung E p i t h e l i a l k r e b s — carcinoma epitheliodes
(A. F ö r s t e r), — Kankroïd (V i r c h o w); der K e r n h o f
füllt sich zuweilen mit F a r b k ö r n e r n und verschafft dadurch den Namen P i g m e n t k r e b s, oder derselbe füllt
sich mit Fett und veranlafst den F e t t k r e b s (V i r c h o w,
— carcinoma reticulatum J. M ü l l e r).

Die D i c h t i g k e i t des K r e b s b i n d e g e w e b e s ist
sehr verschieden; es finden sich die mannigfachsten Stufen,
von der gröfsten Zärte zur derbsten Härte des Gerüstes.
Zur Dichtigkeit verhält sich die Mächtigkeit des Bindege-
webelagers in dem Krebsbaue proportional und man unterscheidet hiernach den Z e l l e n k r e b s oder M a r k-
s c h w a m m von dem F a s e r k r e b s e und nennt die

Krebse mit Vorherrschen der Zellen weiche Krebse,
Schwämme — fungi —, dagegen werden die Krebse
mit vorherrschend festerem Bindegewebe harte Krebse
— scirrhi — genannt. Das Gerüste sprofst mitunter in
kleinen Erhebungen, so dafs die Oberfläche granulirt, blu-
menkohlartig, papillär, zottenförmig erscheint. Diese
Hervorragungen wachsen namentlich an dem „Epithelial-
krebse", sie enthalten Haargefäfsschlingen und haben meist
einen freien Epithelialüberzug, sie haben den Namen
Zottenkrebs herbeigeführt.

Die freien Krebsmassen setzen sich in weiterem
Wachsthume fort auf Nachbargewebe, sie durchsetzen
jedes Organ, zu welchem sie von ihrem Ausgangspunkte
herzuwachsen. Die umschriebenen Krebsknoten dagegen wachsen innerhalb ihrer eigenen Gränzhülle, sie
verschieben die Nachbargewebe und Organe, erreichen
einen weit gröfseren Umfang als die freien Krebsmassen,
welche nicht von einer Bindegewebehülle umschlossen
sind, setzen sich aber niemals continuirlich von ihrem
Ausgangsboden in andere Gewebe und Organe fort, sie
durchwachsen nie die anliegenden Organe. — Beide Krebs-
bauformen zerstören indefs die Theile, zu welchen dieselben herzuwachsen und nehmen nach deren Vernichtung
ihre Stelle ein. Beide Krebsformen richten ihre
Nachbarschaft mit wesentlich gleichen Mitteln
zu Grunde, nämlich durch Druckwirkung, darum
bedürfen die weicheren Krebse zur Zerstörung ihrer
Nachbarschaft eines gröfseren Umfanges und günstigerer
Verhältnisse, unter welchen ihre Druckwirkung sich
äufsern kann, als die härteren Krebse, wefshalb z. B.
ein harter und freier Faserkrebs — scirrhus — von geringerer Ausdehnung die Nachbartheile in beträchtlicherem
Grade zerstört, wie der weichere und von einer lockeren

Hülle umschlossene Markschwamm — fungus — von weit
gröfserem Umfange. — Uebrigens wechselt der eigene
Widerstand, welchen die verschiedenen Gewebe dem zu-
nehmenden Drucke der anwachsenden Krebsmasse entge-
gensetzen : so widersteht das Knorpelgewebe äufserst
lange, endlich wird die Grundsubstanz getrübt, die Zellen
entarten fettig, das Gewebe zerfällt emulsiv und wird aufgesaugt, — Krebsbildung tritt Schicht vor Schicht an die
Stelle des untergegangenen Knorpels ; gleichermafsen verhält sich das Knochengewebe; sehr rasch dagegen verschwinden Drüsenzellen, Muskelgewebe, Nervengewebe. — Selbst die Frage, ob das normale Bindegewebe, welches in dem Wachsthumswege der
Krebsbildung liegt, an dem Krebsbau sich sofort betheiliget, würde ich nach meinen Untersuchungen vorläufig
verneinen, dasselbe wird gleichfalls durch das anrückende
Krebsbindegewebe vernichtet und ersetzt.

    An dem Krebsbaue geschehen verschiedene pa-
thologische Umwandlungen, welche den Unter-
gang seiner Bestandtheile herbeiführen ; es gehören
hierher die Fäulnifs, die Fett-, die Pigment-,
die Kalk-, die Hornumwandlung; gewöhnlich
bestehen Rückbildung und Wachsthum in
dem Krebsbaue neben einander. — Die verschiedenen
Rückbildungsformen vertheilen sich in ihren Aus-
gangspunkten auf die verschiedenen Baubestandtheile, und können je einzeln, oder in verschiedenen
Verbindungen unter einander, oder alle gleichzeitig in
einer Krebsbildung vorkommen. Ihre anatomischen Ausgangspunkte erlauben uns die Aufstellung derselben in
zwei Reihen, wir unterscheiden : Rückbildung 1) *sämmt-
licher* Krebsbestandtheile, 2) der *Krebszellen*.

An allen Bestandtheilen des Krebsbaues entwickelt sich Fäulnifs, Gährung, Verwesung. Dieselbe besteht, wie überall, in dem allmäligen Auseinanderfallen der organischen Theilchen in immer kleinere und einfachere, sie bildet die Krebsverschwärung, worin die Krebsmasse zum Theil in Jauche aufgelöst wird, zum Theil in brandigen Trümmern sich vorfindet. Krebszerfall und Wachsthum bestehen hierbei zugleich in verschiedenen Graden wechselseitiger Stärke und eine etwa zu Stande kommende Vernarbung an Stelle der Fäulnifs ruht auf einem Krebsfundamente. — Die Fäulnifs beginnt immer an der freien Oberfläche des Krebsbaues, wenn dieselbe in Hohlorganen oder an der Körperoberfläche mit atmosphärischer Luft oder Gasgemengen in Berührung getreten ist.

Von den selbstständig gebliebenen Zellen in dem Krebsbaue gehen diejenigen Umwandlungen desselben aus, welche wir als pathologische Zellenrückbildung im Allgemeinen kennen gelernt haben; es gehören hierher : die Fett- und Farbstoffumwandlung, die Verkalkung und die Verhornung des Krebses.

Die Fettmetamorphose hat Virchow (Arch. I, 1) morphologisch durchforscht und als Mechanismus der spontanen Krebsheilung erläutert, als dessen endliches Resultat Vertiefungen, narbige Einkerbungen der Krebsoberfläche erscheinen, welche als Folgen der durch die Fettumwandlung der Krebszellen im Inneren eingeleiteten pathologischen Aufsaugung zu betrachten sind. — Die Schnittfläche des Fettkrebses ist von blafsgelben undurchsichtigen Punkten und Streifen durchzogen, wefshalb derselbe von J. Müller als Netzkrebs — carcinoma reticulare — unterschieden worden ist. Die selbstständig gebliebenen Zellen finden sich auf verschiedenen Stufen der Fettumwandlung, mit deren

höchster Entwickelung dieselben jene emulsiven Massen darstellen, welche V i r c h o w als „K r e b s m i l c h" bezeichnet.
Einzelne Zellengruppen zeigen theilweise oder vollständige
Füllung mit Fettkörnchen, — andere enthalten neben der
Fettfüllung verschiedene Zerfallstufen und f r e i e Fettkugeln bis zur emulsiven Lösung.   N e b e n diesen U m-
w a n d l u n g e n der s e l b s t s t ä n d i g g e b l i e b e n e n Z e l l e n
werden z w e j e r l e i V e r ä n d e r u n g e n an d e m b i n d e-
g e w e b i g e n G e r ü s t e in dem F e t t k r e b s e gesehen, unter
welchen die eine von V i r c h o w „K r e b s n a r b e" genannt
wird, die andere eine B e t h e i l i g u n g des Gerüstes an der
F e t t u m w a n d l u n g der Zellenlager bekundet : i n d e r
K r e b s n a r b e erscheint das Stützwerk an bestimmten Stellen
s e h n i g und vergleichungsweise m ä c h t i g e r geworden,
durch Druck entleert man daraus einige Tropfen Blutwasser mit
einigen Zellentheilen und Fettkugeln. Diese Stellen in dem
Inneren des Krebsbaues entsprechen genau den V e r t i e f u n-
g e n an dessen Oberfläche. Mit Bezug auf die Beobachtung der·
gleichzeitigen Zellenlösung und Aufsaugung berechtigt der
Befund jener Bindegewebestellen zu der Annahme, dafs
das Fachwerk bei dem Verschwinden des Inhaltes seiner
Maschen zusammenrückt und eine N a r b e n b i l d u n g nach-
ahmt. Die T h e i l n a h m e d e s F a c h w e r k e s a n d e r
F e t t u m w a n d l u n g s e i n e s M a s c h e n i n h a l t e s offen-
bart sich sowohl durch die Anwesenheit von zahlreichen
Fettkörnchen in dem Gerüste und seinen Haargefäfsen, wie
durch das stückweise Verschwundensein einzelner Abtheilungen des Fachwerkes, so dafs Reste in gröfsere Höhlen hereinragen, deren frühere Scheidung in kleinere
Maschen andeutend. Diese durch Verschmelzung entstandenen gröfseren Räume finden sich vorzugsweise in dem
C e n t r u m des Krebsbaues und verändern sich in zwei
verschiedenen Richtungen : entweder nämlich e r r e i c h t die

Fettmetamorphose von hier aus die **f r e i e O b e r f l ä c h e** und
vermittelt den Zutritt der atmosphärischen Luft und anderer
Gasarten zu den Krebsmassen, worauf **K r e b s f ä u l -
n i f s** sich entwickelt. Oder die Fettumwandlung **b e -
s c h r ä n k t   s i c h   i m   I n n e r e n**, der Inhalt der verschmol-
zenen Maschenräume wird aufgesaugt, die unversehrt
gebliebenen äufseren Gerüstwände rücken an einander, es
entwickelt sich die Bildung jener Krebsnarbe.

Die **F a r b s t o f f u m w a n d l u n g** der selbstständig gebliebenen Zellen in dem Krebsbaue bildet den „Pigment-
krebs" — cancer melanodes. — **N i c h t** immer sind **a l l e**
Zellen mit Farbstoff gefüllt, es finden sich häufig **n e b e n**
gefärbten **f a r b l o s e** Zellen und der gefärbte Bezirk erscheint in verschiedenen Schattirungen schwarzbraun; —
zuweilen findet sich schwarzkörnige **F l ü s s i g k e i t**, worin
einzelne Zellen**r e s t e** liegen. — Die Farbstoffumwandlung geschieht öfter erst in **s p ä t e r e n** Krebsknoten, während die
f r ü h e r entstandenen farblos geblieben sind.

Die **V e r h o r n u n g** in dem Krebsbaue geht von
seinen **b l e i b e n d e n** Zellen aus und bildet den „tuberkelartigen Krebs" : Man sieht **b l a f s g e l b e** Stellen mit
allen Stufen dieser Umwandlung; diese verschiedenen
Entwickelungsstufen haben verschiedene Namen erhalten.
Es liegen Zellen darin, welche **t r o c k e n**, **f e s t**, solid geworden sind; — dieser Aggregatzustand wird als **Z e l l e n -
a t r o p h i e** bezeichnet. Andere Zellengruppen sind zu
einer bröckeligen Trümmermasse zerfallen·, welche sich
leicht aus ihrer Umgebung herausheben läfst und als
k ä s i g e   E n t a r t u n g, oder **T u b e r k u l i s i r u n g** bekannt
ist. Die Hornumwandlung kann sehr beschränkt geblieben,
oder in dem ganzen Krebsknoten verbreitet sein, gewöhnlich findet man an solchen Stellen zugleich **v e r h o r n t e**,
verödete Haargefäfse. Aus einer gröfseren Beobach-

6 *

tungsreihe geht hervor, dafs die Zerfalltheilchen durch
pathologische Aufsaugung verschwinden können, worauf
ihre Lagerräume sich verkleinern durch Zusammenrücken
der Wände des Fachwerkes, dessen Baumaterial gleichfalls
trockener, fester, sehnig geworden ist und jetzt die s. g.
Krebsnarbe bildet.

Die Kalkumwandlung findet sich selten auf gröfsere Strecken in dem Krebsbaue ausgedehnt, sie begleitet zuweilen die Bildung der Krebsnarbe, so dafs wir
einzelne Zellen und Gerüsttheile mit Kalkmassen belegt,
inkrustirt sehen.

Neben den pathologischen Rückbildungen kennen
wir Veränderungen in dem Inneren des Krebsbaues, welche
Verbindungen mit der gewöhnlichen Bauform desselben
bilden und zum Theil aus dem Bindegewebe, zum Theil
aus dem Gefäfssysteme des Krebses hervorgehen.

Diejenigen Verbindungen des Krebsbaues,
welche aus seinem Bindegewebe sich herleiten, bestehen in der gleichzeitigen Anwesenheit verschiedener Gewebearten der Bindesubstanz und sind als
Gewebeübergänge und Stellvertretungen aufzufassen; sie bilden die Verbindung des gewöhnlichen
Krebsbindegewebes mit Gallertgewebe und mit
Knochengewebe.

Lebert (pathologisch-anatomischer Atlas. Physiologie pathol. Pl. XXI. Virchow's Arch. IV, 2) hat ein
sehr reichliches Beobachtungsmaterial über die Verbindung
des gewöhnlichen Bindegewebekrebses — in den
verschiedenen Formen des Markschwammes, wie des
Scirrhus — mit dem *Gallertkrebse* vorgelegt, welches
auf Uebergänge zwischen diesen beiden zur Bindesubstanz
gehörigen Geweben, nämlich zwischen Gallertgewebe und gewöhnlichem Bindegewebe hinweist. In den Bindegewebe-

bezirken der Krebsmasse bildet das Fachwerk stets ein
dichtes Netz, in dessen Maschen die kernhaltigen Krebszellen zu grofser Anzahl liegen; in den Gallertbe-
zirken dagegen ist dasselbe in weit geringerer Menge und
Mächtigkeit vorhanden, so dafs hier das Fachwerk nur
aus einzelnen Zellenverbinduugen besteht und eine durch-
sichtige farblose oder blafsgrüne Sulze umschliefst, in
welcher ausnahmsweise kernhaltige Zellenformen vorkommen.

Die Verbindung des Krebsbaues mit *Knochengewebe* entspricht wie diejenige mit Gallertgewebe der allgemeinen Eigenschaft, wonach Bindesubstanzen sich in
einander fortsetzen und stellvertretend für einander fungiren können: die Bindegewebekörperchen in dem Krebsbaue
verwandeln sich in Knochenkörperchen und scheiden als
Zwischenmasse die Knochenerde ab; dieser Hergang bleibt
auf das Gerüste beschränkt, es bildet sich in dieser
Weise das Stachelosteophyt des Krebses. — Die
Verknöcherung findet sich nur an Krebsmassen, welche
von der Beinhaut ausgehen und nach einigen Beobachtern
an den hieraus secundär entwickelten Krebsen anderer Organe.

Aus dem Gefäfssysteme in dem Krebsbaue gehen
drei Verbindungen des Krebses hervor, welche demselben die Namen Blutschwamm — fungus haematodes,
s. telangiectodes —, Blutungskrebs — cancer hae-
morrhagicus — und Eiterkrebs — pyocarcinoma — verschafft haben.

Der Krebsbau ist von einem Haargefäfssysteme durchzogen, welches gewöhnlich dicht am Fufse der Geschwulst
in Arterien und Venen des Mutterbodens übergeht. Die
Haargefäfse in jedem Krebsbaue haben gröfsere Durchmesser, als die normalen und werden als „colossale" Ca-

pillare bezeichnel; manche Krebsgeschwülste dagegen
sind überdies ausgezeichnet durch hinzukommende Ge-
fäfserweiterung — telangiectasia — bei grofsem Gefäfs-
reichthum, sie bilden den Blutschwamm und erscheinen als blutrothe, weiche, umschriebene Massen. Aus
der Schnittfläche fliefst viel Blut mit Krebssaft. In manchen Gegenden der Geschwulst bemerkt man an der
Schnittfläche weifse Inseln, deren mikroskopische Untersuchung den gewöhnlichen Bau des Markschwammes
erkennen läfst : wir sehen vielgestaltete Zellen, welche
in einem zarten, gefäfsreichen Bindegewebegerüste einge-
bettet sind, hier haben die Gefäfse den gewöhnlichen
Umfang der Krebscapillare, in ihrem Laufe durch die
rothen Geschwulstbezirke dagegen erweitern sich die
Gefäfse bedeutend, — diese Erweiterung besteht entweder in einseitiger Ausbuchtung der Gefäfswand an
der Maschenraumseite, oder die Erweiterung hat gleichmäfsig den ganzen Gefäfsumfang betroffen.

Blutung in dem Krebsbaue beschlägt seine
Bestandtheile mit Blut und ergiefst sich entweder
durch den ganzen Bau, oder beschränkt sich auf kleinere
Abtheilungen desselben; Zertrümmerung von Krebszellen kommt hierbei selten vor und ist proportional der
Heftigkeit des Blutaustrittes aus den Gefäfsen in die
Zellenlager. — Die Färbung der Schnittfläche des Blu-
tungskrebses wechselt je nach Stufe und Form der
pathologischen Farbstoffbildung aus dem Blutroth und erscheint somit in frischem Blutaustritte blutroth, bei
weiterer Umwandlung blafsgelb, orange, braun, dunkel-
roth, schwarz.

Auf Krebsoberflächen besteht zuweilen Neubildung von weichem Gefäfsgewebe in Form von kleinen, halbkugeligen Erhebungen, welche von Eiter durchsetzt

sind und die Bedeutung der Wundgranulation haben;
diese Erscheinung bildet die Verbindung von Krebs- und
Eitergewebe, den Eiterkrebs, das Pyocarcinom;
sie ist selten beobachtet und ist immer das Erzeugnifs
entzündlicher Hergänge in den Haargefäfsen, welche
die Krebsoberfläche bilden, oder überziehen, so dafs der Eiter
als Metamorphose von ausgetretenen Blutkörperchen unter
dem Einflusse der Entzündung aufgefafst werden dürfte.

Als Ausgangspunkt für die Bildung des Bindegewebekrebses erscheint überall das Gefäfsgewebe;
wir finden daher den Krebsbau in allen Organen, welche das
gewöhnliche Bindegewebe enthalten. Am häufigsten
sehen wir denselben in Drüsen der äufseren Haut und der
Schleimhäute, in den Magen- und Darmdrüsen, in den
Lymphdrüsen, in der Milz, in der Leber, in den Nieren,
in den Geschlechtsapparaten und in dem Schlunde; nächstdem in Nervenknoten, in der Netzhaut, — welche letztere
wir als ein Hohlganglion betrachten dürfen, — in den
Markräumen der Knochen und an der äufseren Beinhaut;
seltener sehen wir den Krebs in den Blutgefäfsen, an der
Innenfläche des Herzens, an den serösen Häuten, in den
Lungen, in den Muskeln, und in der Harnblase.

Der Krebs entwickelt sich weitaus am häufigsten
spontan. Ob und welchen Einflufs der Volksstamm,
oder das Vaterland hierauf übt, ist noch unbekannt;
die Statistik hat Häufigkeitstabellen aufgestellt, wonach derselbe am öftesten sich finden soll in Europa und in Nord-
amerika, am seltensten in Südamerika, Afrika und Asien.
Für das häufigere Vorkommen in dem weiblichen Ge-
schlechte giebt sein vorzugsweises Auftreten in der
Gebärmutter und in der Brustdrüse den Ausschlag. In
dem Alter vom 30. bis 70. Lebensjahre findet sich Krebs
häufiger als in den übrigen Lebensjahren. Der Einflufs

der Gewerbe, der Gemüthsaffecte, des Wohllebens und
der Armuth bleibt dahingestellt. — Traumatische und
ätzende Einwirkungen werden öfters als Anlässe zur
Entstehung des Krebses angeführt; seine Entwickelung
durch Ansteckung ist nicht erwiesen, seine erbliche
Uebertragung dagegen für einzelne Fälle festgestellt
worden.

Die Krebsbildung bleibt entweder einfach, oder sie
kommt vielfach in demselben Körper vor; hierbei zeichnet
sich gewöhnlich eine Krebsmasse durch gröfseren Umfang unter den übrigen aus, so dafs Unterschiede z. B. von
mehrzölligen und linienlangen Geschwülsten bestehen.
Das in der Regel stetige Vorschreiten in dem Wachsthume läfst aus dem gröfseren Umfange auf längeres Bestehen schliefsen. In diesen vielfachen Krebsen wiederholt sich fast immer die gleiche Krebsbauform. Es ist anzunehmen, dafs die vielfache Krebsbildung unter überall
gleichen Bedingungen aus der thierischen Gewebebildung hervorgegangen ist, dafs alle jene kleineren und später entwickelten Geschwülste selbstständig, unabhängig von der
gröfseren und älteren Krebsmasse, also primär entstanden
sind, so lange in der älteren Geschwulst nicht Umwandlungen statt gefunden haben, welche auf secundäre oder metastatische Verbreitung der Krebs-
elemente aus einem Herde Einflufs haben mögen. Bis
jetzt besteht die Annahme der secundären oder metasta-
tischen Krebsbildung nur in Theorie : dieselbe setzt voraus,
dafs entweder ausgewanderte Krebs*masse* sich an
einem neuen Orte anbaue, oder dafs Krebs*ferment*
den Anstofs zur neuen Colonie giebt. Der Transport
dieser beiden Arten von Auswanderern geschieht durch
Blut- und Lymphgefäfse, die Aufnahme des Krebssaftes in die Gefäfse würde durch vorgängige Anätzung

derselben in Folge von Verschwärung vermittelt, während
das in dem Krebsherde gebildete Ferment durch Aufsaugung in unverletzte Gefäfse gelangen und das Blut
vergiften soll. Alles diefs mufs dahin gestellt bleiben.
Dagegen ist thatsächlich nachgewiesen, dafs Krebstheile
aus der Herzhöhle, oder aus dem Hohlraume grofser Gefäfse (Virchow, Wernher, Willigk) los-
gerissen und weiter geführt werden.

Aus dem Verhalten, dem Sitze und der Zahl
der Krebse lassen sich die möglichen Folgen für den
Träger derselben im Allgemeinen herleiten : Krebs
kann vernarben durch Granulation nach Durchbruch
und Eiterbildung, oder durch pathologische Aufsaugung nach Fettmetamorphose. Es giebt eine chronische
Vervielfachung, welche allmählich das Leben unter-
gräbt, und eine allgemeine acute Carcinose mit
baldigem tödtlichem Ausgange durch plötzliche fiberhafte
Bildung einer zahllosen Menge kleiner, weicher
Krebsknoten in fast allen Organen, besonders in
den Lungen und serösen Häuten. — Der einfach vorhandene Krebsknoten kann durch sein Wachsthum und seine
Verjauchung Säfteverlust und Zerstörung wichtiger Theile und hierdurch den Tod veranlassen;
aufserdem kann derselbe Abmagerung mit krebsiger
Blutleere — cachexia carcinomatosa — herbeiführen,
wenn sein Sitz allmähliche Beeinträchtigung und
Verlust der Verrichtung wichtiger Organe für Blutbereitung und Ernährung bedingt, z. B. Beschränkung und
allmählige Aufhebung der Magenverdauung, der Gallenbe-
reitung , des Athemprocesses , der Lymphebildung , der
Harnabscheidung.

Es besteht, wie wir gesehen haben, Selbstheilung
des Krebses, aber wir besitzen keine Mittel, dieselbe

direct herbeizuführen. Da indefs eine Art Selbstheilung
aus Fettmetamorphose hervorgeht, so dürfte wohl der
Versuch gerechtfertigt erscheinen, diese Umwandlung
durch Fett- oder Thrankuren einzuleiten oder zu unter-
stützen. — Die Zahl der Fälle von radicaler Krebsheilung durch chirurgische Ausrottung ist äufserst
gering; — gewöhnlich sind Rückfälle gefolgt, oder
es haben sich Krebslager, welche zur Zeit der Operation
bereits vorhanden und damals der Beobachtung entzogen
waren, nachher weiter ausgebildet. Im Allgemeinen hat
sich in Bezug auf Krebsoperation der Satz herausgestellt:
je frühzeitiger und vollständiger die Ausrottung, desto
günstiger die Vorhersage.

3) Das Knorpelgewebe. Das Knorpelgewebe ist
blafsblau, milchweifs, oder blafsgelb und hat einen matten
Fettglanz, es ist sehr elastisch, biegsam und zugleich
fester, steifer als das gewöhnliche Bindegewebe, es besteht entweder *fast* ausschliefslich aus Zellen
(Zellenknorpel), oder aus Zellen und reichlicherer
Grundmasse, letzteres Vorkommen ist häufiger, indefs
finden sich selbst alsdann die beiden Baubestandtheile
in verschiedenen Mengenverhältnissen.

Die Knorpelzellen haben sehr verschiedene Gestalt, sie sind bald rund, länglich, ausgezogen nach zwei
entgegengesetzten Richtungen, bald verästelt; bei Fischen
bilden sie durch Ausläufer zusammenhängende Kanalnetze.
Diese verschiedenen Gestalten verlieren sich in der Nähe
des freien Knorpelrandes in eine gemeinschaftliche
Form, hier sind alle Zellen abgeplattet und liegen mit
ihrem Längendurchmesser dem Rande parallel. In dem
Inneren des Knorpels besteht gleichfalls eine regelmäfsige Anordnung der Zellen in Reihen, welche radiär
von dem Centrum in die Peripherie ausstrahlen und in der

Nähe des Randes mit diesem letzteren parallel werden durch seitliche Schwenkung. Ferner ist die Reihenfolge der Zellengröfse und Form eine bestimmte : aufsen liegen spindelförmige kleinere Zellen, weiter nach innen runde gröfsere, in der Mitte liegen die gröfsten Knorpelzellen und haben hier meist die Form der s. g. Mutterzellen. — Rindensubstanz oder Zelleninhalt besteht bald aus einer gleichförmigen klaren Masse, bald aus körnigen Flocken, zuweilen theilweise oder völlig aus Fett, selten aus Farbstoff. Die Knorpelzellen sind gewöhnlich von einer verdichteten Ringschicht der Grundsubstanz umschlossen, welche man als Knorpelkapsel derselben unterscheidet.

Nach den verschiedenen anatomischen wie chemischen Eigenschaften seiner Grundmasse ist das Knorpelgewebe in den ächten, oder Hyalinknorpel, und in den gelben, oder Faserknorpel unterschieden worden. Die Grundmasse des ächten Knorpels ist gleichförmig und liefert durch Kochen Chondrin; — die Grundmasse des gelben Knorpels dagegen enthält verdichtete Netzstreifen, liefert nicht Chondrin und widersteht lange der Kalireaction. Leydig vergleicht den Faserknorpel und sein Verhältnifs zu Hyalinknorpel mit dem elastischen Gewebe und seiner Entstehung in gewöhnlichem Bindegewebe.

Das pathologische Knorpelgewebe.

Die physikalischen und chemischen Eigenschaften des pathologischen Knorpelgewebes gleichen denen des normalen; dasselbe ist sehr biegsam, seine Farbe ist weifs, bläulich oder gelblich, matt glänzend, sein Gehalt wechselt zwischen Chondrin und Glutin.

In gleicher Weise, wie man das normal vorhandene
Knorpelgewebe in verschiedene Arten getrennt hat, läfst
sich auch das pathologisch neugebildete Knorpelgewebe in
den Zellen-, Hyalin- und in den Faserknorpel
scheiden : Es liegen auch hier die Zellen bald dicht an
einander, so dafs ihre Zwischenmasse kaum bemerkbar ist,
bald sind dieselben durch reichlichere Abscheidung in
verschieden grofse Abstände gebracht. Der anatomische
und chemische Bau der Grundsubstanz ist bald gleichförmig, hyalin und giebt Chondrin durch Kochen, bald ist
derselbe von gelblichen, härteren Netzen durchzogen und
liefert Glutin.

Die Zellen des pathologischen Knorpelgewebes sind
ebenso, wie die normalen gewöhnlich von einer Kapsel
aus verdichteter Grundsubstanz umgeben, mitunter liegen
sie frei. Eben so wie an den normalen Knorpelzellen
wechselt an den pathologischen die Gestalt, so dafs dieselben bald rundlich, bald sternförmig, bald mit Ausläu-
fern versehen sind und sich verästeln. Auch ihr Inhalt
wechselt und besteht wie in den normalen Knorpelzellen
bald aus einer klaren, bald aus einer trübflockigen Masse,
bald ist derselbe fetthaltig.

Dagegen ist die Anordnung der Zellen in dem neugebildeten Knorpelgewebe unregelmäfsig und
läfst selten spurweise Andeutungen der normalen Regelmäfsigkeit bemerken : die normale Anordnung in der Gröfse der
Knorpelzellen ist eine fest bestimmte, so dafs schichtweise
von aufsen nach innen zunehmend gröfsere Zellen folgen;
— ähnlich verhalten sich auch in dem neugebildeten
Knorpelgewebe die Zellengröfsen der äufseren Schichten; im Inneren aber liegen alsdann die verschiedensten Zellengröfsen und Formen unter einander
gemischt.

In dem pathologisch neugebildeten Knorpelgewebe
zeigt sich die Eigenschaft der Gewebe der Bindesubstanz,
sowohl sich in einander fortzusetzen, wie sich
unter einander zu verbinden, vorzugsweise deutlich : Es ereignet sich öfter, dafs Knorpelgewebe in Knochengewebe übergeht, dieser Uebergang geschieht entweder unmittelbar, oder das Knochengewebe bildet sich
aus einer vorgängigen Umbildung des Knorpels in Bindegewebe, so dafs letzteres eine Uebergangsstufe zwischen
beiden vermittelt. In allen diesen Gewebeübergängen
wechselt entsprechend Zellengestalt und Grundmasse, so
dafs z. B. die Knorpelzellen die Gestalt von Bindegewebekörperchen annehmen, während ihre Grundmasse einen
Schichtbau erhält, welcher derselben die fibrilläre Zeichnung des Bindegewebes giebt; — in der weiteren Fortsetzung zu Knochengewebe wird alsdann die Grundmasse
fester durch Kalktheilchen, welche in derselben abgesetzt
werden, um mit ihr zu verschmelzen. In dem unmittelbaren Uebergange des Knorpels zu Knochengewebe beobachtet man, dafs die strahlenlosen Knorpelzellen
sternförmig auswachsen und während der Kalkabschei-
dung zu verästelten Knochenkörperchen werden. —
Neben dieser Verknöcherung besteht öfters zugleich
Verkalkung, wobei der Gewebebau erlischt : dunkele
undurchsichtige Theilchen belegen die Zellen in zunehmend
stärkeren Schichten und verwandeln das Gewebe in formlose Massen mit kreidigem Aussehen und den Reactionen
der Kalksalze, so dafs nach dem Ausziehen der Kalkerde
durch Säure zusammenhängende Hohlräume sich zeigen,
zwischen welchen dünne Knorpelwände stehen. — Ferner
verwandelt sich Knorpelgewebe in dasjenige Gewebe der
Bindesubstanz, welches als Gallertgewebe bezeichnet
wurde. Diese letztere Umbildung ist als Erweichung des

Knorpels bekannt : Man findet alsdann einzelne Stellen,
welche ungewöhnlich weich sind und „Markräume", Höhlen oder Cystoïde enthalten, welche aus Gallert-
oder Schleimgewebe bestehen. Dieses Gewebe ist zum
Theil in der Entwickelung begriffen und besteht dann aus
Zellenhaufen, oder dasselbe ist bereits ausgebildet und es
sind nur noch einzelne Zellen und Zellenreste nachzuweisen, und die gleichförmige sulzige Zwischenmasse ist
allein übrig geblieben.

Uebrigens   kommt   pathologisches   Knorpelgewebe
gleichzeitig mit den übrigen Geweben der Bindesubstanz
in derselben Neubildung vor, ohne dafs die Gegenwart
dieser Gewebe als Folge einer Umbildung aus Knorpelgewebe dasteht, sondern nur in Verbindung mit diesem
letzteren vorhanden ist. In diesem Falle spricht man von
Verbindungs- oder „Combinationsgeschwülsten" desselben,
so findet sich Knorpel in dem Sarcom, dem Fibroïd, dem
Krebsgerüste. Für manche Fälle dieser Verbindungs-
geschwülste dagegen läfst sich annehmen, dafs das
Knorpelgewebe umgekehrt aus einer Umbildung der
anderen vorfindigen Bindesubstanzen hervorgegangen ist.

Die Entwickelung und das Wachsthum der
Knorpelneubildung geht sowohl aus Knorpel-
wucher, wie aus der Umbildung von Bindegewebe
hervor, in derselben Weise, wie die Ausbildung der normalen Knorpel geschieht : die Bindegewebezellen vermehren und vergröfsern sich und wechseln ihre Form, die
Grundmasse verliert ihre Schichtung, wird gleichförmig matt-
weifs glänzend und umhüllt die Zellen mit einer Knorpelkapsel.
Als Umbildung des Bindegewebes findet sich
pathologisches Knorpelgewebe, namentlich an dem Zwischenbindegewebe der Sehnen, Muskeln, Bänder, Geschlechtsdrüsen, Ohrspeicheldrüse, Unterkieferdrüse, Lungen; am

häufigsten geht dasselbe von der äufseren, oder der
inneren Beinhaut, oder von dem Bindegewebe des Kno-
chenmarkes aus.

Vorübergehend kommt Knorpelgewebe vor in Callus-
bildungen und manchen Osteophyten, es entwickelt sich
hier aus der Beinhaut als Uebergangsstufe zur Knochenbildung. — Neugebildetes Knorpelgewebe setzt manche
freie Körper der Gelenke zusammen und kann hierbei
sowohl aus dem Gelenkknorpel wie aus den bindegewebigen
Kolben der Gelenkfranzen, welche normal nur wenige
Knorpelzellen enthalten, ferner aus der Beinhaut am Ge-
lenkrande, oder aus dem Bindegewebe zwischen Bein- und
Synovialhaut hervorgehen. Für Wiederersatzbildung
abgenutzten Knorpelgewebes spricht wohl die höchst unregelmäfsige Anordnung der Knorpelzellen in gewissen
Ueberzügen von Gelenkköpfen bei veränderter Gröfse,
Form und Stellung der letzteren.

Die gewöhnlichste Auftrittsweise der Knorpelneubildung ist die Geschwulstform. Die Knorpelgeschwulst
— enchondroma — ist gewöhnlich rund, und hat eine
höckerige Oberfläche mit seichten Theilungen, in runde
drusige Erhöhungen von verschiedenem Umfange. Die
Gröfse der Enchondrome ist sehr wechselnd und von
mikroskopischem bis zu einem Umfange von 6' bis 7' beobachtet. Das angränzende Bindegewebe bildet eine
dichte Hülle um die Geschwulst. An der Schnittfläche
sieht man selten ein gleichmäfsiges Gefüge von einer
einzigen Knorpelart; meist ist dieselbe zusammengesetzt
zugleich aus Hyalin- und Faserknorpel; bald zeigt dieselbe
einen unregelmäfsigen Lappenbau aus verschiedenen
Knorpelmassen, welche Lappenbildungen von zusammenhängenden Bindegewebehüllen umfafst werden; bald bemerkt man zugleich die verschiedenen Gewebeübergänge

in Gallertgewebe (Erweichung) oder in Knochengewebe,
neben der Verkalkung. — An der Gränze verliert sich die
Grundsubstanz des umgebenden Bindegewebes allmählich
in Knorpelgrundmasse, die Bindegewebekörperchen werden gröfser, sind zum Theil bereits mit Knorpelkapseln
umschlossen, spindelförmig, haben hier an der bereits un-
deutlichen Gränze ihre frühere Anordnung in concentrischen Reihen noch beibehalten, und sind dicht an
einander gedrängt. Von diesen äufseren, jüngsten Gränzschichten aus nach innen finden sich Uebergänge der
Knorpelzellen aus der Spindelform in die Kugelform, zugleich werden dieselben durch reichlichere Knorpelgrundmasse in gröfsere Abstände von einander getrennt und
verwandeln sich in der Tiefe zu „colossalen Mutterzellen"
durch s. g. endogene Kerntheilungen. — Die Enchondrome
mit Lappenbildung zeigen in gleicher Weise die Umbildung der Bindegewebehülle, welche jeden einzelnen
Lappen umzieht; indefs sieht man zuweilen auch mitten in
einem solchen Bindegewebelager einen selbstständigen
Bildungsherd für Knorpelgewebe. — Auf diese Weise
zieht die Knorpelgeschwulst aus ihrer Bindegewebehülle
ihr Baumaterial, verdrängt die Nachbartheile und bringt
dieselben durch Druck zum Schwinden. Die Folgen dieses Druckes richten sich nach der Wichtigkeit des Organes, worauf derselbe wirkt, so dafs der Tod dadurch eintreten kann; auch kann der Tod herbeigeführt werden,
wenn unter dem Drucke der Knorpelgeschwulst die
äufsere Hautdecke durchbricht und die blofs gelegte Geschwulst verjaucht; zuweilen sind die Träger grofser oder
zahlreicher Knorpelgeschwülste abgezehrt, entkräftet. In
der Regel wird indefs das Gesammtbefinden durch die
blofse Gegenwart eines, wenn auch grofsen Enchondromes
nicht wesentlich gestört. Die Knorpelgeschwulst wächst

meist beständig fort und in der Regel langsam,
jedoch sind auch Fälle sehr raschen Wachsthumes bis zu
$^1/_2'$ bis 2' Umfang in 3 bis 18 Monaten (Gluge, Paget)
beobachtet. — Selbstheilung der Knorpelgeschwulst
liegt bis jetzt nicht vor, eben so wenig secundäre Verbreitung derselben durch Gefäfsbahnen auf die mit dem
erkrankten Theile zusammenhängenden Lymphdrüsen oder
auf innere Organe. — Die Knorpelgeschwulst ist gewöhnlich nur einfach vorhanden; Ausnahme bilden die Cen-
tralenchondrome der Finger und Zehen im kind-
lichen Alter, wodurch verschiedene Phalangen nach
einander knorpelig entartet sind; die einfachen Enchondrome entwickeln sich in jedem Lebensalter; sie entstehen
spontan; in gewissen Fällen scheinen dieselben aus trau-
matischen Einwirkungen hervorgegangen zu sein. Nach
chirurgischer Ausrottung bildet sich selten eine neue
Knorpelgeschwulst und dann in der Nähe der Operations-
gegend. A. Förster unterscheidet die reinen, die
gemischten und die Cystoïdenchondrome nach
der vorherrschenden Baubeschaffenheit; jedoch sind
dieselben durch Uebergänge wieder unter einander verbunden.

4) Das Knochengewebe. In dieser Art von
Bindesubstanz ist die Grundmasse, Intercellularmasse, eben
so geschichtet wie diejenige des gewöhnlichen Bindegewebes; diese Schichtung tritt gerade hier sehr scharf hervor, weil die Grundmasse sehr fest ist; diesen höchsten
Grad der Festigkeit unter den Bindesubstanzen erhält das
Knochengewebe durch Verschmelzung der Grundsubstanz
mit anorganischen Körpern, insbesondere mit phosphor-
saurer und kohlensaurer Kalkerde. Die Zellen, oder
Knochenkörperchen haben die Gestalt der Bindegewebezellen und sind in ziemlich regelmäfsigen Reihen und

Abständen angeordnet; im Zahnbeine bilden sie lange verästelte Kanälchen. Im Allgemeinen besitzen die Knochenkörperchen zahlreiche feine Ausläufer, durch welche
sich dieselben zu einem äufserst feinen Kanalnetze verbinden; sie enthalten im Leben klare Eiweifsflüssigkeit, im
Tode Luft. — Es finden sich in dem starren Knochengewebe öfters Zellenräume, in welchen Zellenkern und
Membran geschwunden sind. Das Knochengewebe entwickelt sich bald aus dem gewöhnlichen Bindegewebe,
bald aus dem Knorpelgewebe, deren Intercellularmasse
sich mit Knochenerde verschmolzen hat : die zelligen
Elemente des Bindegewebes behalten hierbei ihren
Umfang und ihre Gestalt, so dafs der verästelte Bindegewebekörper in den verästelten Knochenkörper übergeht.
Die Knorpelzellen dagegen wachsen zu sternförmigen
und verästelten Knochenkörperchen aus, während der
Ausscheidung von Knochenerde in die Knorpelgrundsub-
stanz; — nur in seltenen Fällen, bei den Selachiern
(Leydig), bleibt die rundliche Form der Zelle des
Hyalinknorpels in der Verknöcherung bestehen und bildet
ein strahlenloses Knochenkörperchen.

Das pathologische Knochengewebe.

Aus denselben Uebergängen und in derselben Weise
wie das normale Knochengewebe bildet sich das pathologische Knochengewebe. Alle Arten der Bindesubstanz können verknöchern. Die Verknöcherung geht gewöhnlich von innen nach aufsen, indefs
verknöchern manche Gewebestellen von aufsen nach
innen. Die pathologische Knochenbildung besteht, wie
alle übrigen pathologischen Gewebebildungen, als krankhafte Wiederholung gesetzmäfsiger Hergänge.
Dieselbe giebt sich kund in der Fortsetzung bestimmter

Zellen zu Knochenkörperchen mit gleichzeitiger Abscheidung von Knochenerde in die Zwischenzellenmasse, so
dafs der normale Knochenbau und seine Bildung in allen
Eigenschaften pathologisch sich wiederholt : eben so wie
die normalen Knochenkörperchen gehen auch die
pathologischen zum Theil aus der Umbildung von Bindegewebekörpern, zum Theil aus Knorpelzellen hervor und ist die erstere Bildungsweise die häufigere. Die
Bindegewebekörper vergröfsern sich und vermehren
ihre Ausläufer, ihr Inhalt wird gleichförmig, klar, farblos,
ihr Kern hierdurch deutlicher sichtbar, sie lagern sich in
gleichmäfsigen Abständen und mit ihren Längenachsen in
gemeinschaftlich gleicher Richtung, sie verändern ihre Abscheidung, so dafs jetzt die Grundmasse mit Kalktheilchen
verschmolzen wird. — Die pathologische Umbildung
von Knorpelzellen zu Knochenkörperchen geschieht
gleichfalls wie die normale Knorpelverknöcherung:
die Knorpelzelle streckt sich, wächst in vielfache, sich
verästelnde Ausläufer, und scheidet Kalk aus, womit die
Grundmasse sammt der Knorpelkapsel verschmilzt.

Allerdings kommt die Knochenneubildung auf normal
vorhandenem Knochenboden am häufigsten vor, aber auch
in entfernten Gebieten, getrennt von dem Einflusse des
gesetzmäfsigen Knochenlagers, finden wir dieselbe als
Fortsetzung aus pathologischen und normalen Geweben,
namentlich aus Bindegewebe, z. B. in den Augapfelhüllen
(Virchow, Wedl) und an neugebildeten Bindegewebe-
strängen in dem Glaskörper (Wittich) und in der Krystalllinse (R. Wagner) des pathologisch verkleinerten,
geschrumpften Auges.

Wir haben gesehen, dafs in der Knochengewebe-
bildung die abgesetzten Kalktheile mit der Intercellularsubstanz morphologisch zu einer Masse

7 *

verschmelzen, während die Zellenform in die Gestalt der Knochenkörperchen übergeht. In der
Verkalkung dagegen bleibt die Zellenform wie ihre Grundmasse, also der vorherige Gewebebau erhalten und die
abgeschiedenen Kalktheilchen bestehen in ihrer Kugel-
oder Krümmelform für sich. Indefs kann die Inkrustation
zuweilen eine Vorstufe der Verknöcherung bilden.

Vierter Abschnitt.

Das Muskelgewebe.

———

Das Muskelgewebe besteht aus Zellen, deren Hofgränze und Kern in die Länge ausgewachsen sind, so daſs jede Zelle eine Röhre darstellt, welche Faserzelle genannt wird und durch Verschmelzung den Primitivcylinder bildet. Der Inhalt dieser Röhren besteht aus einer Umbildung von Rindensubstanz der embryonalen Muskelzellen und stellt die contractile Substanz des Muskelgewebes dar. Diese ausgewachsenen kernhaltigen Muskelzellen treten zusammen, so daſs jede seitlich mit ihren Rändern sich an ihre Nachbarröhren anlegt, oder mit denselben verschmilzt, wodurch Gruppen entstehen, welche durch Bindegewebe — sarcolemma — zu feinen Muskelstreifen, s. g. Primitivbündeln, unter einander abgeschlossen werden. Diese Muskelstreifen verlängern sich, wie es scheint, nur durch das Längenwachsthum der ursprünglichen Muskelzellen. — In seltenen Fällen (Weichthiere, Arthropoden) verästelt sich die Muskelzelle und die Ausläufer mehrerer Zellen treten anastomotisch in Zusammenhang. Es giebt auch verästelte Muskelprimitivbündel, die entweder unter einander

anastomosiren, oder deren Aeste fein auslaufend, sich unmittelbar ins Bindegewebe verlieren". (Leydig).

Die contractile Substanz ist verschieden angeordnet, so dafs man mannigfache Uebergänge von
gleichförmiger Vertheilung zu gruppenweiser
Lagerung sieht. Durch diese Verschiedenheit in der Anordnung der contractilen Substanz erhalten die Muskelfasern ein verschiedenes Aussehen, welches zur Scheidung derselben in „glatte und in quergestreifte Fasern"
geführt hat; diese beiden Reihen gehen indefs, wie bemerkt, durch viele Mittelstufen in einander über. Die
contractile Substanz besteht aus kleinen Theilchen von
bestimmter Form — sarcous elements, Bowman —, diese
Theilchen sind gleichmäfsig vertheilt in den glatten Muskelfasern, dagegen liegen sie gesondert, zu „sechsseitigen
Aggregaten" gruppirt in den quergestreiften Muskelfasern.
E. Brücke, „Ueber den Bau der Muskelfasern", beschreibt diese primitiven Fleischtheilchen als feste Körper
von unabänderlicher Gröfse und Gestalt, deren optische
Axe in allen Zuständen des Muskels der Faserrichtung`
parallel liegt; diese Körper sind positiv einaxige, doppelt-
brechende (Disdiablasten); ihre Eigenschaft der dop-
pelten Lichtbrechung wird durch Kali, Natron, Essigsäure,
Salzsäure und durch Kochen zerstört. Die Grundmasse
dagegen, worin die Fleischtheilchen liegen, bricht das
Licht schwächer und gleichmäfsig, wefshalb dieselbe
als isotrope Masse von der anisotropen Substanz der
Fleischtheilchen unterschieden wird. — Der chemische
Bau der contractilen Substanz erweist dieselbe als stickstoff-
haltig, faserstoffverwandt, sie wird defshalb Muskel-
faserstoff, Syntonin genannt. Es ist anzunehmen, dafs
dieselbe aus Eiweifs besteht, welches in einem bestimmten

Zustande der chemischen Bewegung Eigenschaften des
Blutfaserstoffes zeigt.

Die contractile Substanz darf offenbar als Organ der
Todenstarre betrachtet werden. Wenn die Gesammt-
haltung der Leiche durch äufseres Hinzuthun nicht verschoben wird, so erstarrt dieselbe in der Gestaltrichtung
des Körpers, welche beim Eintritte des Todes bestand
und kann vor Ablauf der nächsten 18 bis 24 Stunden,
mittlerer Zeitangabe, ohne Gewaltanwendung nicht verändert werden. Diese Todenstarre verschwindet allmählich,
die Leichenhaltung erschlafft und wird nach Ablauf dieser
Frist leicht verschiebbar. Die physikalische Bedingung
der Leichenstarre liegt höchst wahrscheinlich in Gerin-
nung des Muskeleiweifses, so dafs seine chemische
Bewegung ähnlich wie diejenige des Bluteiweifses im Ster-
ben verändert wird; die darauf folgende Leichener-
schlaffung beruht dann auf Verflüssigung, indem jener
festere Aggregatzustand aufgelöst wird, das Eiweifs in
kleinste Theilchen zerfällt unter dem Einflusse der Leichenzersetzung.

Das pathologische Muskelgewebe.

Die krankhaften Veränderungen des Muskelgewebes
bestehen darin, dafs die Muskelfaserzellen und die
Muskelstreifen sich vergröfsern und vermehren, oder die verschiedenen Formen der *Zellenrückbildung* eingehen.

Dagegen bildet das Bindegewebe desselben, das
Sarcolemma, den Ausgangspunkt für alle diejenigen

Veränderungen in den Muskeln, welche wir als p a t h o l o g i-
s c h e B i n d e s u b s t a n z b i l d u n g e n kennen gelernt haben;
ferner gehen aus diesem Bindegewebe als Träger der B l u t-
und L y m p h g e f ä f s e diejenigen p a t h o l o g i s c h e n G e-
w e b e d e r s e l b s t s t ä n d i g g e b l i e b e n e n Z e l l e n
hervor, welche unter der Bezeichnung E i t e r u n d T u-
b e r k e l bekannt sind.

Vergröfse-
rung und
Vermeh-
rung des
Muskelge-
webes.

Die krankhafte V e r g r ö f s e r u n g der Muskelzellen
und Bündel unterscheidet V i r c h o w als e i n f a c h e H y-
p e r t r o p h i e von der n u m e r i s c h e n H y p e r t r o p h i e,
oder der H y p e r p l a s i e, welche letztere in krankhafter
V e r m e h r u n g der Zahl der Muskelzellen und Bündel besteht und somit ganz eigentlich den W u c h e r d e s M u s-
k e l g e w e b e s darstellt; J o h n S i m o n nennt denselben
die a d j u n c t i v e H y p e r t r o p h i e. — Es ist krankhafte
N e u b i l d u n g und W u c h e r von q u e r g e s t r e i f t e n
und von g l a t t e n Muskelfasern beobachtet, sie erscheinen dem freien wie dem bewaffneten Auge blafsgelb,
pigmentlos; man findet dieselben auf verschiedenen Entwickelungsstufen, oft in ähnlicher Gestalt und Gröfse wie
in dem Embryo, so dafs einzelne Lager aus langen,
schmalen Kernzellen bestehen, welche mit oder ohne
deutliche Querstreifung erscheinen und sich gegen ihre
Enden hin zuspitzen. — Die M e n g e und die V e r t h e i-
l u n g d e r n e u g e b i l d e t e n M u s k e l z e l l e n ist sehr
verschieden, so dafs dieselben an einzelnen Stellen Züge
von ziemlich grofser Mächtigkeit bilden, dagegen an anderen Orten in s e h r d ü n n e n Schichten gelagert sind; —
sie liegen entweder in grofsen Abständen getrennt durch
Bindegewebe, oder stellen gleich den normalen Muskelzellen selbstständige zusammenhängende Züge dar.

N e u b i l d u n g von q u e r g e s t r e i f t e n M u s k e l-
f a s e r n fanden R o k i t a n s k y und V i r c h o w in einer

Hodengeschwulst, Virchow in einem Eierstockcystoïd
—. myosarcoma —, Weber in dem Nachwuchse, welcher
nach Operation der Grofszunge — makroglossia — sich
entwickelt hatte. — Neubildung von glatten Muskelfasern ist in manchen sehnigen Bindegewebegeschwülsten, Fibroïden der Gebärmutter beobachtet. In der Form des Wuchers findet sich die
Neubildung glatter Muskelfasern in Verdickungen der verschiedenen, aus glatten Fasern gebauten Muskellagen, z. B.
in manchen Verdickungen der Magenwand, der Gebärmutterwand.

Als Rückbildungsformen des Muskelge- Rückbil-
dung des
webes kennen wir die Horn-, Fett- und Kalkmeta- Muskelge-
webes.
morphose der Muskelzellen.

Die Verhornung der Muskelfaserzellen
bedingt hier wie allerwärts zunächst Schrumpfung, *Verkleinerung* des Umfanges der Muskelzellen und stellt
in dieser Stufe Virchow's „einfache Atrophie"
dar. Von hier aus kann die Schrumpfung in Verminderung der Zahl der Muskelzellen durch pathologische
Resorption übergehen und entwickelt alsdann die „nume-
rische Atrophie" von Virchow. Dieselbe verbreitet
sich zuweilen von einer kleinen Stelle über das Muskelgewebe in seiner Vereinigung zu Muskelgruppen oder
Systemen, und bildet die Progressivatrophie (Virchow), welche ihrerseits mit „fettiger Muskel-Atrophie"
(Cruveilhier) und mit „Atrophie der vorderen Spinal-
wurzeln" (Cruveilhier) verbunden vorkommt.

Aran, Brodie, Merryon haben ein erbliches
Auftreten der *progressiven* Muskelatrophie beobachtet;
dieselbe kommt aber auch nach langer Unthätigkeit, wie
nach übermäfsiger Anstrengung von Muskeln vor und
scheint wesentlich zu bestehen in einer fettigen Ent-

artung unter Bildung von Fett in dem Inneren der
Muskelzellen auf Kosten der contractilen Substanz.
In der Fettumwandlung des Muskelgewebes
schwindet die contractile Substanz, der normale Inhalt der
Muskelzellen, und in gleichem Mafse sieht man zierlich
gereihete kleine Fetttröpfchen und gröfsere Tropfen
(A. Förster) neben wirklichen Fettzellen (Bardeleben)
innerhalb der Primitivcylinder, welche das Sarcolemma wie
vorher umschliefst. — Die Fettmasse kann nun zerfallen,
sich emulsiv auflösen und aufgesaugt werden; alsdann
legen sich die leer gewordenen Wände an einander und
stellen hierdurch gewissermafsen ein Narbengewebe dar.

In der Verkalkung wird die contractile Substanz
von dunkelen feinen Theilchen durchsetzt, welche zu gröfseren Massen verschmelzen; diese Massen bilden dunkele
Strecken, welche im Laufe der Muskelfasern von normalen Stellen unterbrochen sind. Dieselben lösen sich in
Salzsäure, worauf Hohlräume sichtbar werden, mit Ueber-
bleibsel verkleinerter contractiler Substanz, welche
von sehr dünnen Netzen des Sarcolemmas umzogen sind.

Umbildun-   Das Bindegewebe, welches unter der Bezeichnung
gen des
Sarco-   Sarcolemma die einzelnen Gruppen der Muskelzellen in
lemma.   Streifen oder Bündel abschliefst, bildet die Grundlage
der Verknöcherung und der Krebsbildung, aus
seinen Blutcapillaren geht wohl unter gewissen Bedingungen die Eiterung und aus seinen Lymphgefäfsanfängen
der Tuberkel in muskulösen Organen hervor.

Fünfter Abschnitt.

Das Nervengewebe.

———

Das Nervengewebe ist aus Zellen zusammengesetzt, welche zum Theil ihre Zellenselbstständigkeit beibehalten haben, zum Theil in Fasern ausgewachsen sind. Die Rindensubstanz, welche dieselben als Keimblattzellen früher enthielten, hat sich umgewandelt zur Nervensubstanz. Der selbstständigere Theil der Nervenzellen wird Ganglienkugeln genannt, der in Fasern ausgewachsene Theil derselben bildet die Nervenfibrillen.

Unter den Ganglienkugeln unterscheidet man verschiedene Formen, die mit einem faserartigen Fortsatze versehenen oder unipolaren, die in zwei Fortsätze verlängerten oder bipolaren und die in viele überdies verästelte Ausläufer fortgesetzten oder multipolaren Ganglienzellen. Man hat auch eine fortsatzlose, apolare Ganglienzellenform unterschieden; R. Wagner hat indefs dieselbe als künstliches Verstümmelung'sproduct erklärt. — Die Ganglienkugeln sind blasse, zarte Gebilde von verschiedener Gröfse, die bedeutenderen können mit freiem Auge als weifse Punkte unterschieden werden. Jede

Ganglienkugel zeigt einen Kern, derselbe ist rund und
besitzt ein, oder mehrere Kernkörperchen. Dieser Kern
liegt in einer homogenen Grundmasse, welche zahlreiche Körnchen zusammenhält, und namentlich in den
Nervencentren nicht durch eine Gränzhaut oder „Zellenmembran" abgeschlossen ist; an anderen Orten zeigt diese
Rindensubstanz (Luschka) eine äufserst zarte Abgrän-
zung, welche dort für eine Membran gehalten wird. Jedenfalls spricht unter Anderem der Bau der Ganglienkugeln
für die neuerdings erhobene Ansicht, wonach überhaupt
das Dasein einer wirklichen Zellenabschliefsung nach
aufsen durch eine „Membran" in Zweifel gezogen wird.
Die Körnchen in der Grund- oder Rindensubstanz sind meist farblos, zuweilen gelb oder blafsbraun; es gehört hierher der gelbe Netzhautfleck der
Wirbelthiere, welcher von einer diffusen Pigmentirung
derselben herrührt. Der Kern der Ganglienkugeln
scheint immer deutlich aus der körnigen Grundmasse hervor. — Weitere Unterscheidungen in dem feineren
Baue der Ganglienkugeln werden von Remak, von
Stilling u. A. mitgetheilt. Remak sah an Präparaten
in Chromsäure eine Scheidung der Grundmasse in zwei
faserige Schichten, von welchen die innere den Kern umringt, die äufsere in den Kanal des „Achsenschlauches"
übergeht. Nach Stilling schickt die Hülle der Ganglienkugel „Elementarröhrchen" nach aufsen und nach innen,
durch erstere hängt dieselbe mit Nachbarganglienkugeln zusammen, die nach innen gehenden Röhrchen bilden ein
Parenchym, welches aus einem dichten Netze besteht; —
eben so sei der Kern gebaut, derselbe habe viele Doppel-
contouren und diese seien durch Röhrchen unterbrochen,
welche einestheils zu dem Parenchym, anderntheils zu dem
Kernkörperchen laufen, das Kernkörperchen sei ähn-

lich gebaut und zeige drei concentrische Schichten,
welche Verlängerungen zum Rande des Kernes schicken;
die innere Schicht sei roth, die mittlere blafsblau, die äufsere
orangegelb. Dieser Röhrennetzbau setzt sich aus der Ganglienkugel zur Nervenfaser fort und führt das ölige Nervenmark.
Die Nerven*fasern* setzen sich unmittelbar aus den
Ganglienkugeln fort und besitzen gleich den Ganglienkugeln nicht immer eine Hülle; die angenommene Hülle
ist mit Kernresten oder mit langgestreckten Kernen versehen, welche nach innen liegen und in der zur Peripherie der Ganglienkugeln erweiterten Hülle sehr zahlreich werden. — In dem Embryo sind alle Nervenfasern
eine Zeit lang gleichförmig, blafs, von dem späteren
Embryonalleben an unterscheidet man blasse und dun-
kelrandige Nervenfasern; übrigens gehen diese beiden
Arten durch mannigfache Mittelstufen in einander über
und die Endverbreitungen mancher dunkelrandigen Fibrillen werden blafs, z. B. an den Hornhaut-
nerven, den Riechenerven. — Die blassen Nervenfasern
haben bei durchfallendem Lichte sehr blasse Umrisse
und geben bei auffallendem Lichte einen grauen Schim-
mer; ihre äufseren Umrisse erscheinen gewöhnlich in
Form einer homogenen kernhaltigen Hülle, welche
indefs an den feineren Fibrillen nicht als solche zu unterscheiden ist; die Nervensubstanz, oder der Inhalt
jener Hüllen ist eine feine granuläre Masse. Man hat
diese blassen Nervenfibrillen nach ihrem Entdecker Remak'sche Fasern, nach ihrem häufigeren Vorkommen
sympathische, nach ihrem anatomisch-chemischen Baue
marklose Fasern genannt. — Die dunkelrandigen
Nervenfasern oder die markhaltigen zeigen bei auffallendem Lichte Silberglanz, bei durchgehendem
Lichte dunkele Ränder und blassen, fein granu-

lären Achsencylinder. Die dunkelen Ränder bestehen
aus einer körnig-flockigen Fettmasse, welche man Mark-
scheide genannt hat und deren stellenweise Anhäufung
der Umwandlung in s. g. variköse Nervenfasern zu Grunde
liegt.

Zu den gewöhnlichen anatomischen Eigenschaften der
Nervenfasern gehört deren Theilung auf ihrem Verlaufe
zur Peripherie; die Nervenfaser theilt sich oft sehr bald
nach ihrem Ursprunge, so dafs mehrere Fasern in einer
einzigen, selbst unipolaren Ganglienzelle wurzeln können.
Die Endigung der Nervenfasern scheint statt finden zu
können sowohl innerhalb ihres Bindegewebe-
lagers, als jenseits desselben, sie enden netzförmig,
oder spitz, oder kolbig und zapfenartig, ihr Ende liegt
entweder frei, oder ist von einer besonderen Vorrichtung
umhüllt, welche namentlich in kleinen Bläschen besteht;
hierher gehört wohl die Einrichtung an den Vater'schen
Körperchen, an den Tastkörperchen von Wagner und
Meissner. Das Endigen zahlreicher Nervenfasern
auf kleinem Umfange findet sich gewöhnlich zusammen
mit einem reichen Haargefäfsgeflechte.

Das Nervengewebe bildet durch Znsammen-
lagerung seiner Elemente das Gehirn, das Rückenmark,
die Ganglienknoten und die Nervenstränge. In dieser
Vereinigung zu gröfseren Massen werden die Nervenfasern und Zellen durch Bindegewebe (Leydig) zusammengehalten, welches in dieser Eigenschaft Neurilemma
genannt wird. Anhäufungen der Nervenfasern
erzeugen die weifse Substanz der Nervencentren,
Vorherrschen der Ganglienkugeln die graue
Hirnmasse und die Nervenknoten. Blasse Fasern
setzen ausschliefslich oder vorzugsweise die graurothen

oder sympathischen Nervenstränge zusammen; dunkel-
randige Fasern dagegen bilden die weifsen oder cere-
brospinalen Nervenstränge.

Das pathologische Nervengewebe.

Neubildung des Nervengewebes. Virchow Neubildung
des Nerven-
(Würzb. Verh. II, 167) beobachtete „ziemlich zahlreiche, gewebes.
graue, oder auch grauröthliche, weich und glatt anzufüh-
lende Erhebungen, meist von rundlicher halbkugeliger
Oberfläche, von der Gröfse der Hälfte eines Hanfkorns bis
eines Kirschkerns, zum Theil einzeln, zum Theil in
Gruppen bei einander" an der weifsen Decke des rechten
Hirnventrikels. „Führte man einen senkrechten Durch-
schnitt durch sie, so sah man sie auf der weifsen Mark-
masse dicht aufsitzen, vom Ependym nach aufsen über-
zogen, und wenn mehrere dicht zusammenstiefsen, so
erkannte man schon mit blofsem Auge, dafs zwischen sie
Fasern der weifsen Medullarsubstanz gegen die Oberfläche
aufstiegen. Die mikroskopische Untersuchung wies nach,
dafs diese Knoten überall aus einer der grauen Hirnsub-
stanz durchaus ähnlichen Masse bestanden : man sah
selten breitere, dick- und doppelt contourirte Nervenfasern, am wenigsten im Inneren, sondern mehr die feinen,
zarten Fasern der Hirnrinde, und dazwischen in einer
feinkörnigen Masse nicht sehr zahlreiche, grofse, leicht
granulirte Kerne mit Kernkörperchen. An einem mit
Chromsäure gehärteten Präparat sah man, dafs im Allgemeinen die Fasern die Richtung von unten nach oben
verfolgten und sich gegen die Oberfläche hin in gröfsere

Bogen ausbreiteten." Virchow machte diese Beobachtung an der Leiche eines Mannes von 27 Jahren aus Sulzheim, einer Cretinengegend, welcher seit seinem zweiten Lebensjahre an Epilepsie gelitten hatte, deren Anfälle Tage lang, oft nur Stunden lang aussetzten, zugleich war der Mann blödsinnig gewesen, lachte fast immer, konnte nur unvollständig lallen, Stuhl- und Harnentleerung folgten unwillkürlich; die linke obere und untere Extremität waren seit längerer Zeit gelähmt. Bei der Autopsie fand sich aufser jenen pathologischen Hirnhöckern am rechten Hirnventrikel sehr bedeutende Hyperostose des Schädels, mit ausgedehnten Exostosen an dessen äufserer Fläche. Das Gehirn zeigte hydrocephalus internus chronicus vorzugsweise der linken Seite.

Rokitansky (spec. path. An. I, 749) beschreibt eben solche Hervorragungen an den Wandungen der Ventrikel chronisch hydrocephalischer Gehirne bei Kindern und fügt hinzu, dafs dieselben sehr selten seien, und dafs er zweimal dieselben zu sehen Gelegenheit gehabt.

Rokitansky erwähnt ferner „einen ganz selbstständigen, aus einem Ganglion entspringenden Nervenapparat" in der Wand einer Eierstockscyste (sp. p. A. 190).

Valentin (Ztschr. f. ration. Med. 1844, S. 242) theilt mit, dafs er neugebildete Ganglienzellen gefunden habe an Stelle des ausgerotteten zweiten Halsganglions des Vagus eines Kaninchens.

Brown-Sequard (Gaz. méd. de Paris, Mars 30, 1850) fand Nervenzellen und eine geringe Menge Nervenfasern in der Wiedervereinigung des $1/4$ Jahr vorher durchschnittenen Rückenmarkes einer Taube.

Bruch (Zeitschr. f. w. Zool. VI) sah die Nervenfasern genau vereiniget in der Narbe eines durchschnittenen Nervenstranges bei einer Katze, die Narbe zeichnete sich aus durch ringförmige Einschnürung der diesseits und jenseits sehr breiten bauchigen Nervenfasern.

Die meisten anderen Beobachter (Bidder, Langer, Nasse, v. Schön, Steinbrück u. A.) sahen nach Nervendurchschneidung an Thieren eine Zwischensubstanz mit Kernen, länglichen Zellen und schmalen Fasern.

Waller dagegen (Müller's Archiv 1852, 392) weicht vollkommen ab von diesen Angaben über die Nervennarbe. Seine Versuche beziehen sich auf Durchschneidung von Frosch-, Säugethier- und Vogelnerven. Hiernach entartet und verschwindet das Nervengewebe in dem peripherischen Nervenende bis in seine endlichen Verzweigungen, das Neurilem bleibt erhalten und nun beginnt die Wiedererzeugung von jungen, anfangs sehr zarten und feinen Nervenfasern.

Zur Aufstellung einer Formenreihe der Entwickelungsstufen des pathologischen Nervengewebes fehlen vorerst manche histologische Einzelnheiten aus der ersten Bildung neuer, oder wiedererzeugter Nerven.

Wucher des Nervengewebes. Es sind wenige Beobachtungen über Vermehrung, oder Vergröfserung normal an einem Orte vorhandener Nervenelemente bekannt. *Vergröfserung und Vermehrung des Nervengewebes.*

Es sind dies folgende : Virchow (Würzb. Verh. I, 144) fand Nervenfasern in Verwachsungen, Adhäsionen : „Einmal in einer Pleura-Adhäsion, die zwischen der Lungenoberfläche ausgespannt war, dicht bei einander zwei, vollkommen parallel verlaufende, aber ganz von einander getrennte, die Richtung der elastischen Fasern schief schneidende Nervenfasern. Sie hatten die Beschaffenheit der feinsten doppeltcontourirten; der Inhalt war an einzelnen Stellen zusammen getreten, so dafs die Varicositäten relativ sehr stark waren. — Das zweite Mal war in

einer platten Adhäsion zwischen Zwergfell und Leberober-
fläche eine Nervenfaser ganz von derselben Beschaffenheit, welche aber nicht die ganze Adhäsion durchsetzte,
sondern in einiger Entfernung mit einem spitzen Ende
aufhörte. Etwas vorher hatte sie sich getheilt und schickte
einen Ausläufer ab, der etwa ½''' weit verlief, um dann
gleichfalls mit einem spitzen Fortsatz zu enden. — Hier
war also offenbar der Nerv von dem Zwergfell aus hinein-
gewachsen. — Beide untersuchte Adhäsionen waren übrigens
mindestens 1½'' lang, vollkommen frei herüber gespannt
und bandartig."

H. Müller (Arch. f. O. IV, 2. 41—55) fand bei Trübung der Sehnervenfasern (Liebreich), Hypertrophie
(Müller), Sclerose (Virchow) blasse, den Ganglienzellen ähnliche Körper, fein granulär, in dünne Fasern
auslaufend, zugleich Verbreiterung der Nervenprimitivfasern.

Rückbil-
dung des
Nervenge-
webes.
Als *Rückbildungsformen* der Nervenzellen und Fasern
sind uns bekannt die fettige Entartung und die
Verkalkung derselben : Sowohl in dem Marke wie in
dem Achsencylinder der Nervenfasern erscheinen dunkele
Fettkörnchen, welche gröfstentheils in grofsen Tropfen
zusammenfliefsen und an Stelle der untergehenden Nervensubstanz treten; die Nervenscheiden bleiben erhalten und wenn später das Fett verschwindet durch
pathologische Aufsaugung, dann fallen ihre leeren
Wände zusammen und erscheinen somit als eine Art
Narbengewebe.

Die Verkalkung tritt mit einer Menge feiner dunkler
Pünktchen auf, welche die Nervensubstanz durchsetzen
und durch Salzsäure aufgelöst werden; diese Körnchen
wachsen meist zu unregelmäfsig gestalteten Massen, welche

in der Richtung der Fasern sich aufbauen und die Nervensubstanz verhüllen; diese letztere verhornt alsdann und verschwindet.

Die anatomischen Ausgangspunkte für P i g m e n t -, Umbildung des Neuri-
Knochen-, Krebs-, Tuberkel-, Eiterbildung lemma.
des Nervensystemes liegen in dem Gebiete des Gefäfs-
gewebes, welches die specifisch nervösen Gebilde
durchzieht und zu gröfseren Abtheilungen vereiniget.

Sechster Abschnitt.

Die normalen und die pathologischen Gewebe in ihren allgemeineren Eigenschaften.

Die verschiedenen einzeln aufgeführten Gewebe haben gewisse Eigenschaften mit einander gemein, oder lassen sich in Bezug auf gewisse allgemeine Eigenschaften mit einander vergleichen. Es gehören hierher alle diejenigen Erscheinungen, welche wir als die allgemeinsten Eigenschaften der Naturkörper überhaupt bezeichnet finden. Mit Bezug auf unseren Gegenstand nennen wir diese Eigenschaften Wiedererzeugung, Zusammenhang, Gröfse, Farbe, Aggregatzustand der Gewebe und Vereinigung zu bestimmten Werkzeugen.

Wiederer-
zeugung
der Ge-
webe. Wenn wir die Fähigkeit der Gewebe sich wieder zu erzeugen nach Substanzverlust vergleichend untersuchen, so ergiebt sich, dafs alle Gewebe der selbstständig gebliebenen Zellen, das gewöhnliche Bindegewebe, das Knochengewebe und das Nervengewebe, leicht vermögen sich wieder zu erzeugen, dafs das Muskelgewebe nur selten sich wieder bildet und dafs der Verlust von Knorpelgewebe durch Bindegewebe ersetzt wird. Rippen-

knorpelbrüche heilen durch Bindegewebe, welches wie es
scheint (Leydig, Klopsch) aus der Umgebung herein-
wuchert, dasselbe kann später verknöchern, so dafs alsdann die Knorpelbruchstücke von einem Knochenringe
umfafst und zusammengehalten werden; — Nerven- und
Muskelgewebe regeneriren sich zwar unmittelbar von
ihrem Mutterboden aus, jedoch soll dies nur auf bestimmte Entfernungen geschehen und gröfsere Abstände
auch hier durch Bindegewebe (Bruch, Küttner, Schiff)
ausgefüllt werden; abweichend hiervon sind die Ver-
suchsergebnisse von Waller, wonach das Nervengewebe des ganzen peripherischen Nervenendes nach
Durchschneidung zerfällt, aufgesaugt wird und alsdann
sich wieder erzeugt. — Unter gewissen feindlichen Bedingungen wird selbst in dem Bindegewebe eine Substanzlücke nicht vollständig ausgefüllt, nämlich, wenn diese
Lücke zugleich eine Durchbohrung von Hohlgebilden, eine
freie pathologische Mündung darstellt, durch welche Gase
oder flüssige Excrete austreten, wie dies z. B. in Darm-
durchbohrung mit freier, von dem Nachbardarme oder von
dem Bauchfelle nicht gedeckter Oberfläche geschieht.

Die einzelnen Theile eines jeden Gewebes liegen in
einem fortlaufenden Zusammenhange und die verschiedenen Gewebe sind in der Bildung von Organen
und Systemen seitlich in einander gefügt, es stehen z. B.
die einzelnen Theile des Nervengewebes in fortlaufendem
Zusammenhange und bilden Fasern, durch Zusammentritt
mehrerer Fasern entstehen Stränge; aber jede einzelne
Nervenfaser ist von Bindegewebe umhüllt, welches auf
diese Weise dem ganzen Bau des Nervenstranges einge-
fügt ist, denselben durchzieht, zugleich den Nervenstrang
selbst umhüllt und dessen Blutgefäfse trägt. — Die
gesetzmäfsige Zusammenhangsweise eines Gewebes, sowie

Gewebe-
zusammen-
hang.

der verschiedenen Gewebe unter einander kann abnorm
getrennt sein. Diese Trennung — interruptio — kann
geschehen sein mit oder ohne gleichzeitigen Massenver-
lust, woraus eine verschiedene Abstandsgröfse der Ränder
hervorgeht. Zu der Trennung ohne Substanzverlust werden
gewöhnlich einfache Trennungen des Gewebezusammen-
hanges gerechnet, es gehören hierher die einfachen
Schnittwunden, Risse, Knochenbrüche. Unter der Gewebe-
trennung mit Substanzverlust unterscheidet man den Aus-
schnitt, die physikalische Zertrümmerung, den chemischen
Ausfall und den physikalisch-chemischen. Zu den physikalischen Zertrümmerungen gehört z. B. die Trennung
des Zusammenhanges der Hirnmasse durch Blutaustritt —
apoplexia — Schlagflufs, von deren Gröfse und Sitz der
Ausgang des Hirnschlagflusses abhängt; ferner gehören
hierher manche Formen der unmittelbaren Gewebeverände-
rung durch Erschütterung. — In der chemischen Gewebe-
trennung entzieht sich eine Gewebestrecke den Gesetzen
der normal chemischen Bewegung, sei es nun, dafs dieser
Ausfall eingeleitet wird durch Aetzung eines Gewebe-
stückes, wobei sich die organische Masse mit dem Aetzmittel zu einem dritten Körper verbindet, oder sei es dafs
dieser Ausfall eingeleitet wird durch anderweitig begrün-
dete pathologische Metamorphose, z. B. durch Eiterumwandlung mit ätzenden Eigenschaften. Das ausfallende
Gewebestück ist entweder saftlos, eingetrocknet oder feucht
und verflüssiget, man bezeichnet hiernach den Hergang als
trockenen und feuchten Brand, oder Schorfbildung und
Verjauchung. Der Ausfall selbst läfst seine Gewebe-
trümmer in sehr ungleicher Deutlichkeit erkennen. Ereignet
sich der Ausfall in einem Hohlgebilde, so entsteht gewöhnlich einfache Durchbohrung — perforatio — oder
Fistelgangbildung, z. B. an dem Magen, an dem Darme. —

Die physikalisch-chemische Trennung entsteht dadurch,
dafs die organischen Gewebetheile verdrängt und aufgesaugt werden, sie bildet eine Stufe der Druckatrophie,
wodurch z. B. der Zusammenhang des Knochengewebes
öfters unterbrochen wird, wie etwa an den Schädelknochen durch Hirnhautgeschwülste.

Die einzelnen Gewebe haben bestimmte Lagerungs-
verhältnisse, sie bilden durch gesetzmäfsige Vereinigungen
unter einander die verschiedenen Organe. Hierdurch entstehen normal Gränzflächen, sowohl zwischen den Geweben verschiedener, an einander stofsender Organe,
als auch zwischen den Gewebezügen eines bestimmten
Organes und dessen Abtheilungen oder Hälften. — Alle
diese Gränzflächen können abnorm verschmolzen sein
durch Stränge, Brücken oder durch unmittelbare
Fortsetzung der Gewebeflächen in einander. Die Verwachsung — adhaesio — geschieht nach den Gesetzen
des Wiederersatzes verlorener Gewebe, ihr Material entspricht im Allgemeinen dem Baue der verwachsenden Gewebeflächen; dasselbe besteht am häufigsten aus einem
zur Bindesubstanz gehörigen Gewebe, insbesondere aus
Binde- oder aus Knochengewebe, seltener aus Knorpelgewebe, zuweilen ist das Eingehen von Nerven- und von
Muskelgewebe in die Verwachsung beobachtet worden.
Das Zustandekommen der Gewebeverwachsung er-
fordert anatomisch die Abwesenheit des Gewebes
der selbstständig gebliebenen Zellen, also der
Epithel- und Drüsenzellen, an der Verbindungsstelle:
Schleimhautflächen z. B. können nur nach Verlust ihrer
Schleim- und Epithelzellendecke unter einander verwachsen,
also nach Blofslegung ihrer bindegewebigen Grundlage.

Die krankhafte Vergröfserung und Verklei- Gröfse der
Gewebe.
nerung des Gewebeumfanges, oder Wucher und Ab-

nahme der Gewebe — hypertrophia und atrophia
— liefern uns die Erscheinungen aus der Zeit der normalen Blüthe und des normalen Absterbens der Zellen;
die normale Vergröfserung und die Blüthezeit
der Zellen fallen zusammen, eben so die normale
Verhornung und ihre ältere Lebenszeit oder deren
Bedingungen.

Die einfache Gewebevergröfserung — hypertrophia simplex — läfst die Zahl ihrer Elemente unverändert, dagegen wird die Gröfse der Baubestandtheile
vermehrt durch Intususception homologer Theilchen
(Virchow). Dieselbe Erscheinung characterisirt die
normale Blüthezeit der Zellen und zur Vergröfserung ihres Umfanges gesellt sich öfters eine
Vermehrung ihrer Zahl. Eben so finden wir neben
der pathologischen Vergröfserung des Umfanges
der Gewebe eine krankhafte Vermehrung der Zahl ihrer
Baubestandtheile, welche letztere defshalb „nume-
rische Hypertrophie" genannt wird. Die pathologisch hinzugekommenen Bestandtheile sind nun mit
den physiologisch vorhandenen entweder gleichnamig,
oder sie weichen davon ab, sind ungleichnamig
mit diesen. Den pathologischen Zuwachs gleichnamiger Gewebebestandtheile nennt Virchow hyperplasia, zur Unterscheidung von der Vermehrung der
normalen Baubestandtheile durch ungleich-
namige und ungleichartige Massen, welche defshalb
heteroplasia genannt wird; letztere pathologische
Neubildung wird häufig und mit Vorliebe als *Gewebe-
entartung* — degeneratio — bezeichnet, wiewohl
streng genommen jeder Vorgang als Entartung anzu-
sehen ist, wodurch ein Gewebe seinen normal histologischen Bau, seine normal physikalischen und chemischen

Eigenschaften verliert, also auch z. B. die krankhafte
Verminderung — atrophia — der Gewebebestandtheile. — Zuweilen sind Vergröfserung und Verkleinerung des Gewebes nur Erscheinungen, welche
verschiedenen Stufen desselben pathologischen Herganges
angehören : in dem ersten Zeitabschnitte der fettigen
Entartung z. B. wird der Umfang der Gewebe durch
die Fettumwandlung vergröfsert, — hypertrophisch —;
die weitere Entwickelung der Fettmetamorphose führt zu
Auflösung und pathologischer Resorption mit Verkleinerung — atrophia — der Gewebe.

Die einfache Verkleinerung oder Schrumpfung der Gewebe — atrophia simplex — beruht auf
Verhornung derselben, sie stellt die pathologische
Wiederholung eines normalen Zellenunterganges dar. —
Neben der einfachen Verkleinerung durch Verhornung
sehen wir auch eine Zahlenverminderung, einen
Verlust der Gewebebestandtheile, — die numeri-
sche Atrophie. — Dieselbe besteht in dem Zusam-
menschmelzen der Gewebe auf eine kleinere Zahl ihrer
Bestandtheile durch Aufsaugung, oder „käsigen,
tuberkelartigen" Zerfall in Eiweifsmoleküle, sie
folgt gewöhnlich der einfachen Atrophie, indem
dieselbe das Ergebnifs einer weiteren Entwickelungs-
stufe der Verhornung darstellt.

Aufser diesen pathologischen Gröfseverhältnissen durch
Gewebeveränderungen unterscheidet man die Um-
fangsstörung der Gewebe durch pathologische
Mengenverhältnisse des Inhaltes ihrer Blutgefäfse. Der normale Umfang und das Gewicht gefäfs-
reicher Theile kann durch übermäfsig starken Blutgehalt
ihrer Gefäfse — hyperaemia — beträchtlich vergröfsert sein, es gehören hierher z. B. die Schwellungen

der Milz — tumores splenis — in dem Wechselfieber.
Anderntheils kann Umfang und Gewicht bedeutend
vermindert sein durch Blutmangel — anaemia — gefäfs-
reicher Theile.

Aggregat-   Die normalen Aggregatzustände der verschie-
zustand der
Gewebe.   denen Gewebe können pathologisch fester oder
flüssiger erscheinen, solche Aggregatveränderungen
finden sich in der Gewebeverhärtung — induratio —,
Erweichung — malacia — und in dem Gewebebrand
— necrosis. — Es hat sich herausgestellt, dafs jede einzelne dieser Aggregatveränderungen der Gewebe in sehr
verschiedenen pathologisch anatomischen Zuständen bestehen kann, und dafs „Verhärtung, Erweichung, Brand"
nicht als Erzeugnisse dreier eigenartiger Hergänge aufgefafst werden dürfen, sondern als pathologische Veränderungen in dem Aggregatzustande, welche den Geweben
unter den mannigfaltigsten Bedingungen mitgetheilt werden. Die verschiedenen anatomischen Veränderungen, welche wir in pathologischen Aggregatzuständen der Gewebe antreffen, beziehen sich auf Ge-
webewucher und Abnahme, Fortsetzung in eine
andere Gewebeart, Rückbildungsformen und Morti-
fication :

Die Verhärtung — induratio — eines Gewebes
wird bedingt durch pathologisch vermehrte Einlagerung
gleichnamiger Baubestandtheile, also durch
Wucher — hyperplasia —, wenn hierdurch zugleich
Hohlräume ausgefüllt werden, wie z. B. durch Vermehrung
des Knochengewebes mit Ausfüllung der Markräume in
den Knochen unter der Form der eburnitas —, oder
wenn die neugebildeten Wucherbestandtheile zwar gleichnamig mit den normalen Gewebebestandtheilen, aber derber
sind als diese, wie z. B. pathologisches Bindegewebe,

welches sich immer fester zusammenzieht, so dafs ein sehniges Balkenwerk die normalen Gewebetheile umschliefst und einengt unter der Form der cirrhosis —; ferner durch Einlagerung von fibrinösem Gerinnsel und Gewebe als Entzündungsproduct und durch Zusammenziehung der festeren Gewebebestandtheile bei Verdunstung ihrer organischen Feuchtigkeit und bei Aufsaugung weicherer Gewebebestandtheile. — Aufserdem finden wir Verhärtung durch Fortsetzung in eine andere Gewebeart, z. B. durch Uebergang des Bindegewebes in Knorpel- und Knochengewebe. Ferner entwickelt sich Verhärtung aus pathologischer Rückbildung, insbesondere aus Kalkumwandlung und auf den *ersten* Stufen der Verhornung. Unter allen diesen Einflüssen werden die normalen Abstände der kleinsten Gewebetheilchen unter einander *vermindert,* somit wird das Gewebe pathologisch fester, härter und seine Schnittfläche glatter, glänzender als vorher.

Die Erweichung — malacia — umfafst eine Verdünnungsreihe von der Aufblähung bis zur völligen Auflösung der Gewebe. Jede Verflüssigung eines Gewebes läfst Vergröfserung der Abstände seiner kleinsten Theilchen voraussetzen und kann vermittelt werden durch Eindringen von Flüssigkeiten, wie z. B. Blutwasser, Blut, Eiter, Jauche; so entsteht z. B. Erweichung des Gewebes der Darmmuskeln bei Bauchwassersucht. Oder es entsteht Erweichung durch Gewebeübergänge, z. B. durch Uebergang des gewöhnlichen Bindegewebes in Gallertgewebe. — Erweichung kann ferner hervorgehen aus manchen Formen pathologischer Rückbildung; so entsteht z. B. die Hirn- und Rückenmarkerweichung aus Fettumwandlung

des Nervengewebes dieser Organe; — die Gefäfser-
weichung aus Fettkalkumwandlung, atheroma der
Gefäfswand; — die Tuberkelerweichung aus der
Stufe des molekulären Zerfalles in der Verhornung.

Als Brand — necrosis — bezeichnet man einen
pathologischen Austritt der Gewebe aus dem physiologischen Verkehr mit dem Organismus, wobei dieselben ihren
Aggregatzustand in zwei verschiedenen Richtungen
ändern, entweder nämlich sie verlieren jede Spur
ihrer organischen Feuchtigkeit, und mumifi-
ciren, oder sie zerfallen in Trümmer und werden in
faulige Flüssigkeit aufgelöst. Hiernach wird im
Allgemeinen der trockene und der feuchte Brand
unterschieden, indem man in den verschiedenen Einzel-
formen dieses Herganges eine jener Aggregatveränderungen ausgeprägt findet; das Gepräge ist entweder scharf
und gehört einer der Hauptformen bestimmt an, oder
das Gepräge ist gemischt.

In dem trockenen Brande (mumificatio, gangraena)
schrumpft der Gewebeumfang fast um die Hälfte, die Gewebe werden braun und endlich schwarz. Die Verkleinerung der Gewebe entsteht in diesem Falle durch Verdunstung ihrer Feuchtigkeit, die Färbung rührt her von
Farbstoffen, welche sowohl aus Regressivinduration der Blutkörperchen, wie aus Umwandlung des Blutroth in körniges
und krystallinisches Pigment hervorgehen. Hierbei ist der
histologische Bau entweder durchweg unverändert erhalten, oder es besteht zugleich an einzelnen Stellen des
Brandgebietes Gewebezerfall in kleinste Theilchen. Diese
letztere Verschiedenheit in dem anatomischen Befunde des
trockenen Gewebebrandes erscheint abhängig von der
Zeitdauer, innerhalb welcher die Austrocknung

durch Verdunstung oder Aufsaugung geschah, so dafs bei
raschem Wasserverluste der Gewebebau erhalten
bleibt; dagegen geräth die Feuchtigkeit bei längerem
Aufenthalte an einzelnen Stellen in Fäulnifs, durchdringt
als Jauche einzelne Gewebetheile und löst dieselben auf,
bevor sie verdunstet.

Der jauchige Gewebezerfall findet dauernd
und allgemein statt in dem *feuchten* Brande (sphacelus,
putrescentia) und zwar um so entschiedener und schneller,
je gröfser der Saftgehalt des Gewebes zur Zeit seines
Brandigwerdens ist : der Blutfarbstoff tritt aus den Blutkörperchen zu dem Wasser, durchdringt mit diesem die
Gewebe und färbt dieselben anfangs diffus roth, die Gewebe zerfallen, werden flüssig, ihre Färbung wird allmählich schwarz, unter weiterer Umsetzung des Blutfarbstoffes
in Hämatoïdinpigmente und unter Bildung von Schwefel-
eisenpigment aus dem organischen Zerfalle. Diese in
Fäulnifs begriffene flüssige Masse bildet die Brandjauche, sie durchdringt die Gewebe in ihrer Umgebung
und treibt beim Hautbrande die Oberhautschichten in Blasen vor. Die Gewebe zeigen verschiedene Stufen der
Verflüssigung, sie sind gelockert, weich und zerfallen in
Trümmer, man bemerkt eine grofse Menge Fett, dessen
Anwesenheit sowohl von dem Freiwerden desselben
aus seinen seitherigen physikalischen und chemischen
Verbindungen herrührt, als auch aus Fettumwandlung
der Gewebe hervorgegangen ist. Diese Fettumwandlung
beim Brande (Demme) gehen mit Ausnahme der nekro-
tischen Knochensubstanz alle Gewebe unter günstigen Bedingungen ein, und „verzögern dadurch eine directe faulige Auflösung". Aufserdem finden in dem feuchten
Brande Ausscheidungen von krystallisirenden und von
flüchtigen Fettsäuren statt, ferner sieht man viele Eiweifs-

theilchen als Punkte oder kleine Körperchen, hervorgegangen aus dem organischen Zerfalle, — sie können durch
Aether, oder Weingeist von den Fettkörnchen unterschieden werden. — In dem Beginne des feuchten Brandes
bilden sich bereits die Krystalle des Ammoniak-Magnesia-
Phosphats, in dem weiteren Verlaufe entwickeln sich die
gewöhnlichen Fäulnifsproducte in flüssiger und in
Gasform, namentlich Schwefelwasserstoff, Phosphorwasser-
stoff, Ammoniak, Schwefelammonium.

An der Gränze wird der jauchige Brandherd gewöhnlich von einem verdichteten Gewebewall umringt,
welcher entweder vom Brande eingenommen und zerstört
wird, oder den Brandherd völlig absperrt und sein Vordringen hemmt. Geschieht letzteres, so trennt sich die
Brandmasse von ihrer Umgebung los und an der „Demar-
cationslinie" entwickelt sich Eiterung und Wundgranulation.
Die abgestofsenen Brandmassen gelangen nun
entweder nach aufsen, oder sie verbleiben in dem
Körper. Die Beförderung derselben nach aufsen geschieht unmittelbar auf freien Flächen oder auf Kanälen;
so gelangen z. B. brandige Haut-, Darm-, Lungentheile
unmittelbar nach aufsen; aber auch mittelbar werden
Brandtheile nach aufsen befördert durch secundäre Vereiterung und Anbohrung von Kanälen. Das Verbleiben
der Brandmassen innerhalb des Körpers geschieht unter
sehr verschiedenen Umständen und Folgen: der Eintritt
abgestofsener Brandtheile in seröse Höhlen veranlafst hier
meist tödtliche Jauchebildung; der Eintritt von Brandstück-
chen in ein durchbohrtes gröfseres Blutgefäfs kann den
Tod herbeiführen unter den Erscheinungen brandiger
Embolie; die Aufsaugung der Brandjauche in den Kreislauf wird tödtlich unter den Erscheinungen typhoïder Zersetzung.

Die Widerstandsfähigkeit der Gewebe gegen die Auflösung durch Brandjauche zeigt einige Verschiedenheit und diese richtet sich nach den Gradunterschieden der normalen Gewebefestigkeit: alle Weichtheile zerfallen rasch, Sehnen und Bänder erhalten sich zwar ziemlich lange, werden indefs jauchig aufgelöst. Das Knorpelgewebe behält fast immer seinen Normalbau, geht übrigens unter gewissen Bedingungen nach längerem Blofsliegen durch brandige Zerstörung seiner umgebenden Weichtheile und Hüllen weitere Metamorphosen ein (Demme, Veränd. d. Gew. durch Brand, S. 94), dasselbe bräunt sich alsdann, schrumpft und wird brüchig, andere Male scheint dasselbe aufzuquellen in der Brandjauche und wird durch das aufgelöste Hämatosin geröthet; die Intercellularsubstanz erscheint granulirt, pigmentirt, die Knorpelzellen gehen die Fettumwandlung und zum Theil die Farbstoffumwandlung ein.

Die Einstellung des organischen Verkehrs einer Körperstelle kann unter vielerlei Veranlassungsweisen stattfinden, welche sich übrigens wohl in drei Richtungen aufstellen lassen : sie bestehen in Entziehung aus aller organischen Verbindung. durch Aetzmittel, Frost, Verbrennung, Zertrümmerung; in Entziehung aus der Kreislaufverbindung, mag nun die Zufuhr, oder die Abfuhr, oder der Austausch des Blutes in einem Gewebe unterbrochen sein, mag die Entziehungsursache ein Gefäfspfropf, eine Unterbindung, ein Druck sein, oder mag das Gewebe in Folge von Blutverlust, Fettherz, Gefäfsatherom aus der Verbindung mit dem Kreislaufe getreten sein. Die dritte Ursachengruppe bildet die Umwandlung des normalen Stoffwechsels in brandige Gährung durch Ferment, insbesondere durch Thiergifte.—Die Entstehung der Brandform steht in gewissem

Zusammenhange mit ihren anatomischen Bedingungen :
durch Abschneiden der Blutzufuhr entwickelt sich
trockener Brand; bei behinderter Abfuhr und
verlangsamtem Blutaustausche entsteht der feuchte
Brand. Wir finden z. B. den Brand in dem hohen Greisen-
alter — gangraena senilis — unter beiden Formen und
werden hier gewöhnlich nachweisen können, dafs die
trockene Brandform bedingt war durch Verschlufs grofser Arterien in Folge von Thrombose, oder Embolie;
dafs dagegen die feuchte Brandform mit fettiger, athero-
matöser Entartung der Gefäfswände, oder des Herzens verbunden ist, welche Entartung ihrerseits eine Verlangsamung
des Capillarkreislaufes nothwendig herbeiführt.

Gewebe-
farbe.   Die Gewebefarbe als solche ist in der Regel
weifs, blafsgrau, mit Ausschlufs eines etwaigen
normal accessorischen Pigmentgehaltes. An der *Leiche*
entstehen Färbungen durch Blutsenkungen, durch
das Eindringen von Leichenzersetzungen des
Blutfarbstoffes, des Gallenfarbstoffes und pathologischer Flüssigkeiten, z. B. des Eiters, der
Jauche, ferner durch Verbindungen von gasför-
migen Producten der Leichenzersetzung mit
Gewebebestandtheilen, z. B. von Schwefelwasserstoff mit dem organischen Eisengehalt zu Schwefel-
eisenpigment in verschiedenen Schattirungen von Braun-
grün und Braunschwarz : Zunächst bildet an der Leiche
das Blut eine Röthung durch Senkung in seinen Gefäfsen zu den tieferen Gewebelagen, wodurch z. B. an
der äufseren Haut die Todtenflecken entstehen und an
inneren Organen die Leichenhypostasen. Indem das
sich senkende Leichenblut die höher gelegenen Gewebetheile
verläfst, entsteht in diesen Blutleere, es tritt nun die
Gewebefarbe mehr für sich hervor, es entsteht hierdurch die

blasse Todtenfarbe in den höher liegenden Theilen
sowohl der äufseren Haut, wie der inneren Organe, namentlich der Lungen, so dafs man gewöhnlich die Gränzlinie
zwischen Leichenhypostase und Blutleere unterscheidet.
Mit dieser Senkung des Leichenblutes in seinen
Gefäfsen verbindet sich später unter den Erscheinungen
der Leichenfäulnifs und des Leichengeruches eine Röthung der Gewebe durch Eindringen von auf-
gelöstem Blutroth in die Gewebe, mittelst der Blutflüssigkeit, welche diesen Farbstoff jetzt aufgelöst enthält
und mit demselben aus den Gefäfsen tritt; auch diese Im-
bibitionsröthe an der Leiche folgt der Schwere.
— Die umgebenden Gewebe der Gallenblase finden sich
gelb gefärbt durch Eindringen des zersetzten und aus der
Gallenblase ausgetretenen Gallenfarbstoffes ; Darmgase
treten in der Leichenfäulnifs durch die Darmwand und
färben Eingeweide und Bauchwände dunkelgrün. Gleichermafsen erscheint öfters eine schwarze Färbung der Innenfläche des Magens als Folge von Verbindungen der Zer-
setzungsproducte aus dem Mageninhalte der Leiche mit
den Gewebetheilen.

Während des *Lebens* kann die natürliche
Gewebefarbe durch verschiedene pathologische Rückbildungen verändert worden sein, ferner durch
abnorm anwesende Farbstoffe, durch Mangel oder Ueber-
mafs des einem bestimmten Gewebe normal zustehen-
den Farbstoffes, durch pathologische Abweichungen in dem
normalen Blutgehalte der Gewebe : In Folge von Brand
wird die Gewebefarbe meist schwarz, durch Kalkumwandlung kreideweifs, durch Gallertmetamorphose glänzend
braun oder grau, durch Fettumwandlung gelb. Das krankhafte Auftreten von Farbstoffen veranlafst sowohl wech-

selnde wie bleibende Farbenveränderungen, je nach den
verschiedenen chemischen Bewegungen des Farbstoffes
selbst; so werden z. B. die Gewebe durch Gallenfarbstoff
in dem Kreislaufe bei Gelbsucht hochgelb, mit wechseln-
den Uebergängen in grün, braun, schwarzbraun gefärbt;
die Gewebefärbungen durch Umwandlungen des ausgetretenen Blutfarbstoffes durchlaufen gewöhnlich eine Farben-
reihe von blutroth zu gelb, braun, schwarz, grünlich in
dem oberflächlichen Blutaustritte — sugillatio —, die
apoplectischen Narben finden wir ebenfalls je nach der
Stufe und Richtung der Blutfarbstoffmetamorphose zu Kör-
ner- oder Krystallpigment bald gelb, bald roth, bald
schwarz; — nach fortgesetzter Anwendung von salpeter-
saurem Silberoxyd wird durch dessen Lichtreaction die
Schleimschicht der Oberhaut blaugrau — Silbercyanose —;
in der Addison'schen Krankheit wird das Malpighische
Netz bronzefarbig. — Dem Gewebe der Traubenhaut des
Auges kommt normal schwarzes Körnerpigment zu, in dem
Albinoauge fehlt diese Färbung. — Die natürliche Gewebefarbe tritt als besondere Eigenschaft nur an blut-
leeren Geweben hervor, in bluthaltigen dagegen
ist dieselbe mit der rothen Farbe des Blutes vermischt,
oder sie ist bei abnorm hohem Blutgehalt durch die Blutfarbe gedeckt. Es ist nun der blutüberfüllte und der
blutleere Zustand der Gewebe näher zu untersuchen :
Der pathologische Blutgehalt im Leben bringt aufser Farbenveränderung zugleich krankhafte Gröfsen- und Ernährungs-
verhältnisse der Gewebe hervor. Der normale Blutgehalt schwankt innerhalb gewisser Gränzen, deren krankhafte
Ueberschreitung die Blutüberfüllung — hyperaemia —
bildet; das Zurückbleiben hinter diesen Gränzen wird Blutleere — anaemia — genannt. Die beiden krankhaften

Mengenverhältnisse des Blutgehaltes der Gewebe ergeben
sich entweder geradezu, oder werden aus der vergleichen-
den Untersuchung beurtheilt.

In der Blutüberfüllung ist die Gewebefarbe dunkler roth, als normal, oder durch die Blutfarbe unkenntlich,
zuweilen ist ein Blutgefäfs gesprengt und Blutmasse aus-
getreten, es stellt dies den Blutschlag oder den apo-
plectitischen Herd dar, wodurch das Gewebe zum Theil
zertrümmert, zum Theil durch das ergossene Blut — extra-
vasatum — belegt ist; — aus der Schnittfläche strömt
Blut in übergrofser Menge hervor. Man unterscheidet
eine Blutüberfüllung der Haargefäfse, der Blutadern, der
Schlagadern — hyperaemia capillaris, venosa, arteriosa. —
In der Capillarhyperämie ist die Gewebefarbe gleichmäfsig stärker roth in verschiedenen Graden bis zur tief-
rothen Blutfärbung, zugleich ist der Umfang und das Gewicht des Gewebes vermehrt, so dafs sehr gefäfsreiche
Theile, wie die Milz, beträchtlich vergröfsert und schwerer
werden in den höheren Graden der Capillarhyperämie;
die Haargefäfse erscheinen ausgefüllt mit Blutmasse, ge-
streckt und gewöhnlich mefsbar erweitert, eben
so verhalten sich öfter die kleinen Venen und Arterien
in dem capillarhyperämischen Bezirke. — Die Venenhyperämie ist sehr häufig mit Wasseraustritt aus den Gefäfsen verbunden und bildet dann einestheils verschiedene
Formen der wässerigen Durchtränkung der Gewebe — oedema — mit Aufblähung, wodurch dieselben
ihre physikalischen Eigenschaften der Elasticität, Contrac-
tilität, Durchsichtigkeit u. s. w. verlieren; anderntheils
entwickeln sich aus Venenhyperämien verschiedene Formen der freien oder eingesackten Höhlenwassersucht
— hydrops. — Die Venenhyperämie ist mit freiem Auge

leicht sichtbar als d u n k e l b l a u e G e f ä f s f ü l l u n g, wobei die normale Gestalt des Venennetzes beibehalten ist,
dieselbe erstreckt sich zuweilen aus den kleinsten Venen
zu den Hauptästen. — Auch die A r t e r i e n h y p e r ä m i e
ist leicht sichtbar; sie bildet eine h e l l r o t h e G e f ä f s-
f ü l l u n g der Verzweigungen kleiner Schlagadern, dauert
indefs s e l t e n an der Leiche fort.

Die k r a n k h a f t e V e r m i n d e r u n g der Blutmenge,
die Blutarmuth, der Blutmangel, die Blutleere findet sich
in verschiedenen Graden, woher dieselbe verschiedene
technische Bezeichnungen erhält, als oligaemia, spanae-
mia, ischaemia, anaemia (von $\alpha\tilde{\iota}\mu\alpha + \delta\lambda\iota\gamma o\varsigma$ wenig, $\sigma\pi\alpha\nu o\varsigma$
arm, $\check{\iota}\sigma\chi\omega$ hemmen, verkümmern, oder α privativum).
Die blafsgraue oder weifse Gewebefarbe ist jetzt sichtbar,
nur spärlich mit Blutfarbe verbunden, oder unter völligem
Ausschlusse der letzteren, so dafs das Gewebe jedenfalls b l a s s e r erscheint als unter gewöhnlichen Verhält-
nissen, zugleich ist Umfang und Gewicht desselben beträchtlich vermindert und aus seiner Schnittfläche tritt
wenig oder gar kein Blut. Die nähere Untersuchung der
p a t h o l o g i s c h e n Blutleere an der Leiche bezieht sich
natürlich auf Haargefäfse und Blutadern, da die Blutleere
der Schlagadern hier wie bekannt regelmäfsige Thatsache
ist. In Haargefäfsen und Venen f e h l t B l u t, ihr R a u m-
g e h a l t ist nicht immer n a c h w e i s b a r v e r m i n d e r t,
in einzelnen Fällen sind jedoch die Gefäfsräume verödet,
ihre Wände zusammengefallen und in Fettmetamorphose
begriffen, zuweilen in Brand — necrosis — oder Fäulnifs
— ,putredo — zerfallen und aufgelöst. — Der örtlichen
Blutleere im L e b e n liegt mangelhafte Blutzufuhr durch
Hemmung des Blutstromes in dem zuführenden Arterien-
stamme, oder durch Druck auf das Gewebe selbst zu Grunde.

Die Gewebe vereinigen sich zu einem Einzel-
baue und setzen hierdurch ein Gebilde zusammen, welches
aus mehreren oder aus allen Geweben zugleich besteht und den Namen Organ erhalten. hat, indem ver-
mittelst dieser Gewebevereinigung eine bestimmte
physiologische Verrichtung ausgeführt wird. Die Organe
treten zusammen und bilden Gruppen, welche man organische Systeme genannt hat, weil ein bestimmtes physiologisches Enderzeugnifs seine verschiedenen
Bildungsstufen in dieser Vereinigung von Organen durchläuft. — Wir unterscheiden : das System der
äufseren Haut; das Knochensystem; das Muskelsystem;
das Nervensystem und die Sinnesorgane; das System der
Verdauungswerkzeuge; das System der Athmungswerk-
zeuge; das System des Kreislaufes; das System der Harn-
und der Geschlechtswerkzeuge.

Vereinigung der Gewebe zu Organ und System.

Nicht immer geschieht die Gewebevereinigung in
gesetzmäfsiger Ordnung und Zahl; es entstehen aldann
die Mifsbildungen, worunter man alle diejenigen Abweichungen in dem Baue der Organe und Systeme versteht, welche aus Fehlern der embryonalen Gewebevereinigung hervorgehen. Die normale Vereinigung
der Gewebe zu Organen und Systemen kommt entweder
gar nicht, oder nur hie und da zu Stande, die Mifsbildung besteht alsdann in der einfachen Defectbildung,
in Mangel und Verkümmerung grofser Körperabtheilungen,
so dafs sich das Geschöpf z. B. als unförmliche Masse —
mola — darstellt, in welcher die Nabelstranggefäfse sich
verzweigen. Oder die Gewebevereinigung ist auf einer
früheren Stufe des Embryolebens stehen geblieben
bis zu der Geburt und stellt somit die Hemmungsbil-
dung dar, so dafs einestheils Spaltbildungen aus

Mifs-bildung.

einer früheren Zeit abnorm offen geblieben sind, z. B. die
Lippenspalte, Darmspalte, Blasenspalte, Harnröhrenspalte,
Schädel- und Wirbelspalte u. s. w., anderntheils früheres
Geschlossensein sich später nicht geöffnet hat, z. B.
die Mund- und Darmöffnung, die Harnröhren- und Saamen-
leitermündung. Es gehört hierher ferner das Verharren
einzelner Theile in ihrer früheren Richtung, woraus
z. B. falscher Ursprung der Gefäfse am Herzen und die s. g.
Zwitterbildungen hervorgehen; ebenso gehört hierher das
Verharren auf einem früheren Umfange.

Eine weitere Reihe von Mifsbildungen entsteht durch
voreilige, frühreife Vereinigung der Gewebe zu Organen, z. B. in dem Bereiche des Geschlechtssystemes gehört hierher die Ausbildung der Brüste und die Men-
struationserscheinung kleiner Kinder, aufserdem gehört
hierher die Riesenbildung der Kinder. Aufser der vor-
eiligen kommt eine überzählige Organbildung vor. —
Die Gewebevereinigung zeigt ferner Abweichungen
in der Lage der Organe; es gehören hierher die Um-
kehrungen des situs nach allen Richtungen, die Vorfälle
— ectopiae — und Brüche — herniae. — Mannigfache
Spielarten in der Form der Organe kommen häufig vor
ohne Einflufs auf die Verrichtung derselben. Die Grade
der Mifsbildung sind äufserst verschieden und wechseln
von der lebensunfähigen Masse zur kaum sichtbaren Ab-
weichung von der Norm.

Diese Störungen können beruhen einestheils in dem Fötus und erscheinen in diesem Falle
entweder als selbstständige, primäre Fehler der
Eibildung und der ersten Embryonalanlagen,
oder als secundäre Hemmung der Entwickelung
einzelner Theile des Embryo durch fötale Krankheits-

hergänge. Anderntheils können embryonale Mifsbildungen durch Baufehler der Eihäute, des
Mutterkuchens, des Gebärorganes, des Beckens,
durch gleichzeitige Anwesenheit mehrerer
Früchte, durch mechanische Behinderung von
aufsen und durch Krankheiten der Mutter hervor-
gebracht werden.

Druck von **Wilhelm Keller** in Giefseu.